高等职业教育电子信息类专业"十二五"规划教材

第三代移动通信技术

周 燕 刘 韬 主 编

范海健 俞兴明 徐景皓 副主编

戴桂平 陈 杰 黄 艳 参 编

中国铁道出版社

CHINA RAILWAY PUBLISHING HOUSE

内容简介

本书系统地介绍了第三代移动通信技术——TD－SCDMA 的最新发展和应用，不仅符合高职学生的认知特点，而且紧密联系实际，真正实现学以致用。本书层次分明、结构合理，详细介绍了 TD－SCDMA 标准的演进和发展，TD－SCDMA 系统的网络结构、接口和接口协议，TD－SCDMA 的物理层技术，TD－SCDMA 的关键技术，TD－SCDMA 的网络规划和网络优化技术以及 TD－SCDMA 的业务发展状况。

本书适合作为高职院校通信技术、电子信息技术、计算机应用等相关专业的教材，也可作为 3G 移动通信网络建设、运营管理和服务等相关领域工程技术人员的入门教材，还可供对 TD－SCDMA 技术及应用感兴趣的读者参考。

图书在版编目（CIP）数据

第三代移动通信技术 / 周燕,刘韬主编.—北京：
中国铁道出版社,2013.5
高等职业教育电子信息类专业"十二五"规划教材
ISBN 978－7－113－15876－7

Ⅰ.①第…　Ⅱ.①周…　②刘…　Ⅲ.①移动通信—通
信技术—高等职业教育—教材　Ⅳ.①TN 929.5

中国版本图书馆 CIP 数据核字(2012)第 305360 号

书　　名：**第三代移动通信技术**
作　　者：周 燕 刘 韬 主编

策　　划：吴 飞　　　　　　　　　　**读者热线：400－668－0820**
责任编辑：吴 飞 何 佳
封面设计：刘 颖
封面制作：白 雪
责任印制：李 佳

出版发行：中国铁道出版社(100054,北京市西城区右安门西街 8 号)
网　　址：http://www.51eds.com
印　　刷：北京市昌平开拓印刷厂
版　　次：2013 年 5 月第 1 版　　　　2013 年 5 月第 1 次印刷
开　　本：787 mm×1 092 mm　1/16　印张：10　字数：205 千
印　　数：1～3 000 册
书　　号：ISBN 978－7－113－15876－7
定　　价：22.00 元

前　言

移动通信技术的发展日新月异，是当今世界发展最快的领域之一。TD－SCDMA 作为第三代移动通信国际标准，是我国近百年通信史上第一个具有完全自主知识产权的国际通信标准，它的出现在我国通信发展史上具有里程碑的意义，并将产生深远的影响。TD－SCDMA 从 2008 年 4 月正式开始试用，截至 2011 年底，用户数已达 5 000 万户。移动通信技术的飞速发展对高职教学提出了更高的要求，为了满足广大高职学生及移动通信工程技术人员对移动通信新知识、新技术的需求，在了解已经成熟应用的移动通信技术的基础上，掌握移动通信的最新技术和标准，为此我们组织编写了本书。

本书共分为七章，全面介绍了 TD－SCDMA 移动通信技术的相关知识。第 1 章介绍了移动通信技术的发展概况；第 2 章介绍了 TD－SCDMA 系统的网络结构、接口和接口协议；第 3 章介绍了 TD－SCDMA 的物理层技术；第 4 章介绍了 TD－SCDMA 的关键技术；第 5、6 章介绍了 TD－SCDMA 网络规划和网络优化技术；第 7 章介绍了 TD－SCDMA 的业务发展情况。

本书在内容上与时俱进，叙述上力求简明扼要、通俗易懂、条理清晰。全书全面地展现了移动通信技术发展的现状和方向，注重基本核心内容的叙述，符合通信专业人才培养方案的知识结构要求，突出应用型专业教学的特点，与我国电子信息产业的发展需求相适应。

本书具有以下特色：

（1）突出移动通信技术的基本原理、基本技术和当前广泛应用的典型移动通信系统，广泛涉及当代移动通信技术发展的最新成果，注重新技术在移动通信系统中的应用，注重理论联系实际和系统的设计方法。

（2）以实用技能为核心。本书选取内容时遵循实用的原则，即所介绍的技术一定是能够解决工作中实际问题的技术。因此，教材摒弃了大量的非核心的理论知识及相关技术，专注于常用的核心技术的讲解及训练。"以用为本，学以致用"是本书内容选择的标准。

（3）实现"教、学、做"一体化。通过"三重循环"使学生掌握相关知识和技能，第一重为认识和模仿，第二重为熟练和深化，第三重为创新和提高。

本书由周燕、刘韬担任主编，范海健、俞兴明、徐景皓担任副主编，戴桂平、陈杰、黄艳参与编写。

本书适合作为高职院校通信技术、电子信息技术、计算机应用等相关专业的教材，也可作为 3G 移动通信网络建设、运营管理和服务等相关领域工程技术人员的入门教材，还可供对 TD－SCDMA 技术及应用感兴趣的读者参考。

由于编者水平有限，书中疏漏和不足之处在所难免，恳请读者批评指正。

编　者
2013 年 1 月

目录

第①章

➡ 移动通信系统概述

1.1 移动通信系统的发展

在通信技术发展历史上，移动通信的发展速度非常迅猛，特别是近 20 年来，移动通信系统的发展及更新换代更是让人眼花缭乱。移动通信满足了人们日益增长的随时随地进行信息交流的需求，其最终目标是：实现任何人可以在任何地点、任何时间与其他任何人进行任何方式的通信。

当前，第三代移动通信系统在全世界引起广泛的关注。本书所介绍的 TD－SCDMA 第三代移动通信系统，是我国提出的并得到 ITU（国际电信联盟）批准的三大主流标准之一。在介绍 TD－SCDMA 系统之前，先简单回顾一下移动通信系统的发展历程，如图 1－1 所示。

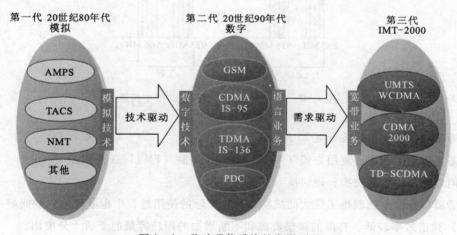

图 1－1　移动通信系统的发展历程

1.1.1　第一代移动通信系统

无线通信的概念最早出现在 20 世纪 40 年代，无线电台在第二次世界大战中的广泛应用开创了移动通信的第一步。到 70 年代，美国贝尔实验室最早提出蜂窝的概念，解决了频率复用的问题，80 年代大规模集成电路技术及计算机技术突飞猛进地发展，长期困扰移动通信的终端小型化的问题得到了初步解决，给移动通信的发展打下了基础。于是，美国为了满足用户增长的需求，提出了建立在小区制的第一个蜂窝通信系统——AMPS（Advance Mobile Phone System）系统，这也是世界上第一个现代意义的、能商用的、且能够满足随时随地通信的大容量移动通信系统。它主要建立在频率复用的技术上，较好地解决了频谱资源受限的问题，并拥有更大的容量和更好的话音质量。这在移动通信发展历史上具有里程碑的意义。AMPS系统在北美商业上获得的巨大成功，有力地刺激了全世界蜂窝移动通信的研究和发展。随后，欧洲各国和日本都开发了自己的蜂窝移动通信网络，具有代表性的有欧洲的TACS（Total Access Communication System）系统、北欧的NMT（Nordic Mobile Telephone）系统和日本的NTT（Nippon Telegraph and Telephone）系统等。这些系统都是基于频分多址（FDMA）的模拟制式的系统，统称为第一代蜂窝移动通信系统。

第一代移动通信系统采用模拟调制技术，主要提供语音业务。在标准上主要有：

（1）AMPS：使用800 MHz频带，在北美、南美和部分环太平洋国家广泛使用。

（2）TACS：使用900 MHz频带，分ETACS（欧洲）和NTACS（日本）两种版本，英国、日本和部分亚洲国家广泛使用此标准。

（3）NMT：使用450 MHz、900 MHz频带，在欧洲广泛使用。

第一代移动通信的技术特点：以TACS系统为例，如图1-2所示。

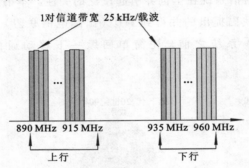

图1-2　第一代移动通信系统的空中信道

● 蜂窝的概念：每载波带宽25 kHz。

● 基本物理层技术：复用方式（FDMA）；模拟调制（FM）；双工方式（FDD）。

● 网络功能：电路交换；硬切换。

尽管模拟蜂窝系统取得了巨大的成功，但在实际的使用过程中也暴露出一些问题：

（1）频谱效率较低，有限的频谱资源和不断增加的用户容量的矛盾十分突出；

（2）业务种类比较单一，主要是语音业务；

（3）模拟系统存在同频干扰和互调干扰；

（4）模拟系统保密性差等。

当然，最主要的因素还是容量与日益增长的市场之间的矛盾。因此，模拟系统在经历了20世纪80年代的辉煌后，很快被90年代推出的数字蜂窝系统所取代。

1.1.2 第二代移动通信系统

随着超大规模集成电路、低速话音编码以及近 20 年来计算机技术的发展，数字化处理技术比模拟技术具有更大的优势，现代通信已经由模拟方式转向数字化处理方式。1992 年，第一个数字蜂窝移动通信系统 GSM（Global System for Mobile Communications，全球移动通信系统）网络在欧洲铺设，由于其性能优越，所以在全球范围内得到迅猛发展。

美国在数字蜂窝移动通信的起步较欧洲要晚，但是在美国发展数字蜂窝移动通信时，却呈现了多元化的趋势，除了制定与欧洲类似的基于 TDMA 的 IS－54、IS－136 标准的数字网络，1992 年高通公司向 CTIA（Cellular Telecommunications & Internet Association，移动通信产业联盟）提出了 CDMA 码分多址的数字蜂窝通信系统的建议和标准，该建议于 1993 年被 CTIA 和 TIA（美国通信工业协会）批准为中期标准 IS－95。CDMA 技术因其固有的抗多径衰落的性能，并且具有软容量，软切换，系统容量大而在移动通信系统中备受青睐。表 1－1 为第二代（2G）蜂窝移动通信系统的技术指标。

表 1－1　第二代蜂窝移动通信系统

标准	GSM，DCS－1900	CDMA One，IS－95	IS－54／IS－136
上行频率	890~915 MHz（欧洲） 1 850~1 910 MHz（美国 PCS）	824~849 MHz（美国蜂窝网） 1 850~1 910 MHz（美国 PCS）	800 MHz，1 500 MHz（日本） 1 850~1 910 MHz（美国 PCS）
下行频率	935~960 MHz（欧洲） 1 930~1 990 MHz（美国 PCS）	869~894 MHz（美国蜂窝网） 1 930~1 990 MHz（美国 PCS）	800 MHz，1 500 MHz（日本） 1 930~1 990 MHz（美国 PCS）
双工方式	FDD	FDD	FDD
多址接入技术	TDMA	CDMA	TDMA
调制方式	GMSK（BT＝0.3）	OQPSK/QPSK	DQPSK
载波间隔	200 kHz	1.25 MHz	30 kHz（IS－136） （25 kHz for PDC）
信道数据速率	270.833 kbit/s	1.2288 Mchips/s	46.8 kbit/s（IS－136） （42 kbit/s for PDC）
每载波语音信道数	8	64	3
语音编码	CELP－13 kbit/s EVRC－8 kbit/s	RPE－LTP 13 kbit/s	VSELP 7.95 kbit/s

以 GSM 为例，如图 1－3 所示，第二代移动通信的技术特点如下：

（1）蜂窝的概念：每载波带宽 200 kHz。

（2）基本物理层技术：复用方式：TDMA＋FDMA；每载波 8 个时隙；数字调制（GMSK 高斯滤波最小频移键控，8PSK）；双工方式（FDD）。

（3）网络功能：电路交换；硬切换；国际间漫游；9.6 kbit/s 数据速率。

第
1
章
移
动
通
信
系
统
概
述

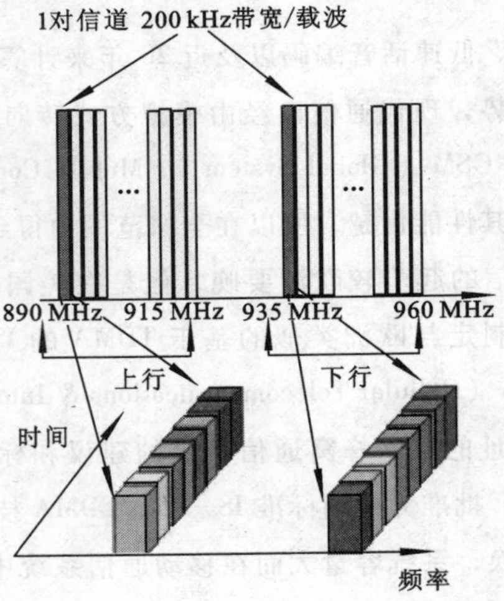

图 1-3 GSM 系统的空中信道

1.1.3 第二代半移动通信系统

20 世纪末，移动通信技术和 Internet 技术的发展极大地影响了人们的生活、学习和工作，两者结合是信息产业发展的必由之路，由于 GSM 系统采用传统的电路交换方式处理数据业务，这样极大地限制了数据传输的速率。随着技术的发展，人们把包交换技术引入了传统的 GSM 网络，使数据传输速率在移动通信网络中得到了迅速提升。因此，出现了介于 2G 和 3G 之间的 2.5G（二代半）。高速电路交换数据（HSCSD）、通用无线分组业务（GPRS）、增强型数据速率 GSM 演进技术（EDGE）、IS-95B 等技术都是 2.5G 技术。

1. HSCSD

HSCSD（High Speed Circuit Switched Data，高速电路交换数据）是采用无线链路的多时隙技术，在常规 GSM 语音及数据通信中，每信道占用 200 kHz 带宽 8 个时隙中的一个，而 HSCSD 则同时利用多个时隙建立链路，每个时隙数据传输速率可由 9.6 kbit/s 提高到 14.4 kbit/s。如果使用 4 个 TDMA 时隙，HSCSD 传输速率可达 57.6 kbit/s。HSCSD 业务的实现比较简单，它只需对无线链路的协议做一些修改，而不需要对核心网进行改造，所以费用比较低。

2. GPRS

GPRS（General Packet Radio Service，通用分组无线业务）是一种基于 GSM 系统的无线分组交换技术，提供端到端的、广域的无线 IP 连接。通俗地讲，GPRS 是一项高速数据处理技术，方法是以"分组"的形式传送资料到用户手上。GPRS 网络在 GSM 现网的基础上引入了两个主要的新网元：SGSN（Serving GPRS Support Node，服务 GPRS 支持节点）和 GGSN（Gateway GPRS Support Node，网关 GPRS 支持节点），如图 1-4 所示。

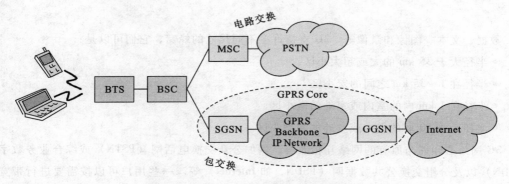

图 1-4 GPRS 在移动通信网络中的应用

3. EDGE

EDGE（Enhanced Data Rate for GSM Evolution，增强型数据速率 GSM 演进技术）是一种从 GSM 到 3G 的过渡技术，它主要是在 GSM 系统中采用了一种新的调制方法，即 8PSK 调制技术。由于 8PSK 可将现有 GSM 网络采用的 GMSK 调制技术的信号空间从 2 扩展到 8，从而使调制效率大大提高。称 EDGE 为 GPRS 到第三代移动通信的过渡性技术方案，主要原因是这种技术能够充分利用现有的 GSM 资源。因为它除了采用现有的 GSM 频率外，同时还利用了大部分现有的 GSM 设备，而只需对网络软件及硬件做一些改动，就能够使运营商向移动用户提供诸如互联网浏览、视频电话会议和高速电子邮件传输等无线多媒体服务，即在第三代移动网络商业化之前提前为用户提供个人多媒体通信业务。

1.1.4 第三代移动通信系统

1. 3G 标准化过程

第三代（3G）移动通信系统也称"未来公共陆地移动通信系统（FPLMTS）"，后由 ITU 正式命名为 IMT-2000（International Mobile Telecommunication-2000），即该系统预期在 2000 年左右投入使用，工组频段位于 2 000 MHz 频带，最高传输速率为 2 000 kbit/s。IMT-2000 采用的无线传输技术（RTT）主要包括多址技术、调制解调技术、信道编解码和交织、双工技术、信道结构和复用、帧结构、射频信道参数等。ITU 于 1997 年制定了 M.1225 建议，对 IMT-2000 无线传输技术提出了最低要求，并向世界范围征求无线传输建议。

IMT-2000 要求 3G 系统运行在不同的无线环境中，终端用户可以是固定的或是以各种速度移动的。以下为 3G 系统在各种典型环境下支持的速率：

- 室内环境至少 2 Mbit/s。
- 室内外步行环境至少 384 kbit/s。
- 室外车辆运动中至少 144 kbit/s。
- 卫星移动环境至少 9.6 kbit/s。

用于传输 3G 业务的基础设施既可以基于陆地也可以基于卫星，信息类型包括语音、声

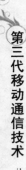

音、数据、文本、图像和录像等。3G 支持许多不同尺寸的蜂窝，它们可以是：

- 半径大于 35 km 的大或超大小区。
- 半径在 1 ~ 35 km 之间的宏小区。
- 半径在 1 km 内的室内或室外的微小区。
- 半径小于 50 m 的室内或室外的微微小区。

3G 网络必须能与原有的网络互相兼容，例如公众交换电话网（PSTN）或综合业务数字网（ISDN）以及分组交换公共数据网（PSDN，如 Internet）等。一些用户可以按需要进行带宽申请，以保证其服务质量（QoS）。核心网应该能够基于用户的请求进行资源分配，确保全部用户得到所要求的业务质量。3G 标准要求有效利用频谱，在一些情况下，要求阶段性地引入这些业务。例如：第一阶段支持 144 kbit/s 的数据传输速率，第二阶段支持 384 kbit/s，最后支持 2.048 Mbit/s 的数据传输速率，且所有阶段向下兼容。

为了能在未来的全球化标准的竞争中取得领先地位，各个地区、国家、公司及标准化组织纷纷提出了自己的技术标准，截至 1998 年 6 月 30 日，ITU 共收到 16 项建议，针对移动通信的就有 10 项之多。表 1 - 2 列出了 10 种 IMT - 2000 地面无线传输技术提案。

表 1 - 2 IMT - 2000 地面无线传输技术的 10 种提案

技术名称	提交组织	双工方式	适用环境
J：W - CDMA	日本 ARIB	FDD、TDD	所有环境
UTRA - UMTS	欧洲 ETSI	FDD、TDD（UTRA）	所有环境
WIMS WCDMA	美国 TIA	FDD	所有环境
WCDMA/NA	美国 T1P1	FDD	所有环境
Global CDMA Ⅱ	韩国 TTA	FDD	所有环境
TD - SCDMA	中国 CWTS	TDD	所有环境
CDMA 2000	美国 TIA	FDD、TDD	所有环境
Global CDMA Ⅰ	韩国 TTA	FDD	所有环境
UWC - 136	美国 TIA	FDD	所有环境
EP - DECT	欧洲 ETSI	TDD	室内、室外到室内

在 IMT - 2000 地面无线传输技术的 10 种方案中，欧洲提出 5 种 UMTS/IMT - 2000 无线传输技术方案，其中 WCDMA 和 TD - CDMA 比较具有影响力，前者主要由爱立信、诺基亚公司提出，后者由西门子公司提出。ETSI 将 WCDMA 和 TD - CDMA 融合为一种方案，统称为 UTRA（Universal Terrestrial Radio Access，通用陆地无线接入）。

美国负责 IMT - 2000 研究的组织是 ANSI 下的 T1P1、TIA 和 EIA。美国提出的 IMT - 2000 方案是 CDMA 2000，主要由高通、朗讯、摩托罗拉和北电等公司一起提出；美国还提出了另外一些类似于 WCDMA 的标准和时分多址标准的 UWC - 136。日本的 ARIB 提出 WCDMA 和欧洲的 WCDMA 极为类似，两者相互融合。

通过一年半时间的评估和融合，1999 年 11 月 5 日 ITU 在赫尔辛基举行的 TG8/1 的第 18 次会议上，通过了输出文件 ITU - R M.1457，确认了 5 种第三代移动通信无线传输技术：

- TDMA 的技术有两种：SC - TDMA（UWC - 136）、MC - TDMA（EP - DECT）。
- CDMA 的技术有三种：MC - CDMA（CDMA 2000 MC）、DS - CDMA（UTRA / WCDMA 和 CDMA 2000 DS）、TDD CDMA（TD - SCDMA 和 UTRA TDD）。

ITU - RM. 1457 的通过标志着第三代移动通信标准的基本定型。我国提出的 TD - SCDMA（Time Division Duplex - Synchronous Code Division Multiple Access）建议标准与欧洲、日本提出的 WCDMA 和美国提出的 CDMA 2000 标准一起列入该建议，成为世界三大主流标准之一。

虽然三种主流标准都采用了 CDMA 技术，但是 WCDMA 和 CDMA 2000 本质上没有差别，基本上是 IS - 95 技术的改进，而 TD - SCDMA 则是新的技术，采用了 TDD 双工方式、基于智能天线的同步 CDMA 技术。相对其他第三代移动通信标准，TD - SCDMA 具有更高的频谱利用率和更低的成本。

2. 移动通信标准化组织

ITU 在第三代移动通信标准的发展过程中起着积极的推动作用，但是，ITU 的建议并不是完整的规范，主要负责标准的发布和管理工作，而标准的技术细节主要由 3GPP 和 3GPP2 两个国际组织根据 ITU 的建议进一步完成。3GPP 和 3GPP2 的标准化对应工作如图 1 - 5 所示。

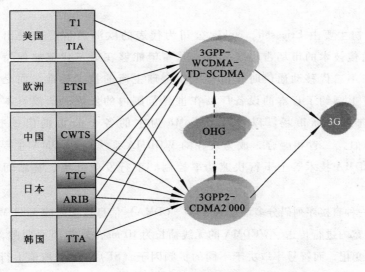

图 1 - 5　标准化组织

3GPP 是由欧洲的 ETSI、日本的 ARIB、美国的 T1、韩国的 TTA 和中国的 CWTS（中国无线通信标准组织）为核心成员发起的，3GPP 完成 WCDMA 和 CDMA - TDD 的标准细节，其特点是主要基于 GSM MAP 核心网。3GPP2 是由美国的 TIA、日本的 ARIB、韩国的 TTA 和中国的 CWTS 为核心成员发起的，3GPP2 完成 CDMA 2000 的标准细节，主要是基于 IS - 41 核心网。目前，3GPP 和 3GPP2 两个标准组织也在积极地进行兼容和互连互通接口工作。

负责 WCDMA 和 TD - SCDMA 标准细节的 3GPP，从 1998 年成立后，由于各成员和通信公

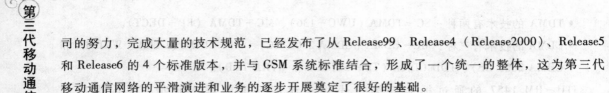

司的努力，完成大量的技术规范，已经发布了从 Release99、Release4（Release2000）、Release5 和 Release6 的 4 个标准版本，并与 GSM 系统标准结合，形成了一个统一的整体，这为第三代移动通信网络的平滑演进和业务的逐步开展奠定了很好的基础。

3. 三种大主流技术

1）CDMA 2000 系统

CDMA 2000 是在 IS－95 系统的基础上由 Qualcomm、Lucent、Motorola 和 Nortel 等公司一起提出的，CDMA 2000 技术的选择和设计最大限度地考虑和 IS－95 系统的后向兼容，很多基本参数和特性都是相同的，并在无线接口进行了增强。例如：

（1）提供反向导频信道，使反向相干解调成为可能。在 IS－95 系统中，反向链路没有导频信道，这使得基站接收机中的同步和信道估计比较困难；

（2）前向链路可采用发射分集方式，提高了信道的抗衰落能力；

（3）增加了前向快速功控，提高了前向信道的容量。在 IS－95 系统中，前向链路只支持慢速功控；

（4）业务信道可采用比卷积码更高效的 Turbo 码，使容量进一步提高；

（5）引入了快速寻呼信道，减少了移动台功耗，提高了移动台的待机时间。

2）WCDMA 系统

WCDMA 最初主要由 Ericsson、Nokia 公司为代表的欧洲通信厂商提出。这些公司都在第二代移动通信技术的市场占尽了先机，并希望能够在第三代依然保持世界领先的地位。日本由于在第二代移动通信时代没有采用全球主流的技术标准，而是自己独立制定开发，很大程度上制约了日本的设备厂商在世界范围内的发展，所以日本希望借第三代的契机，能够进入国际市场。以 NTT DoCoMo 为主的各个公司提出的技术与欧洲的 WCDMA 比较相似，二者相融合，成为现在的 WCDMA 系统。WCDMA 主要采用了带宽为 5 MHz 的宽带 CDMA 技术、上下行快速功率控制、下行发射分集、基站间可以异步操作等技术特点。

WCDMA 是一种直接序列码分多址技术（DS－CDMA）信息被扩展成 3.84 MHz 的带宽，然后在 5 MHz 的带宽内进行传送，WCDMA 的无线帧长为 10 ms，分成 15 个时隙，信道的信息速率将根据符号率变化，而符号率取决于不同的扩频因子（SF），SF 的取值上行为 4～256，下行为 4～512。WCDMA 的空中信道结构如图 1-6 所示。

- 蜂窝的概念：每载波带宽 5 MHz；相邻小区可以使用相同频率。
- 基本物理层技术：复用方式（CDMA + FDMA）；数字调制（QPSK，16QAM）；数字信号。
- 网络功能：电路、包交换；硬、软、更软切换；国际漫游；高速数据。

3）TD－SCDMA 系统

WCDMA 和 CDMA 2000 都是采用 FDD 模式的技术，而 TDD 技术由于本身固有的特点突破了 FDD 技术的很多限制，如：上下行工作于同一频段，不需要大段的连续对称频段，在频率资源紧张的今天，这一点尤显重要；这样，基站端的发射机可以根据在上行链路获得的信号来估计下行链路的多径信道的特性，便于使用智能天线等先进技术；同时能够简单方便地适应于 3G 传输上下行非对称数据业务的需要，提高系统频谱利用率；这些优势都是 FDD 系统难以实现的。因此，国际上对使用 TDD 的 CDMA 技术日益关注。

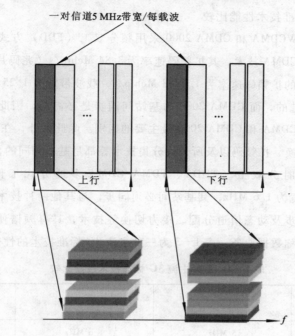

图 1-6　WCDMA 的空中信道

TD-SCDMA 也就是在这种环境下诞生的，它综合 TDD 和 CDMA 的所有技术优势，具有灵活的空中接口，并采用了智能天线、联合检测等先进技术，使得 TD-SCDMA 具有相当高的技术先进性，并且在三个标准中具有最高的频谱效率。随着对大范围覆盖和高速移动等问题的逐步解决，TD-SCDMA 将成为可以用最经济的成本获得令人满意的 3G 解决方案。图 1-7表示 TD-SCDMA 的多址方式结构。

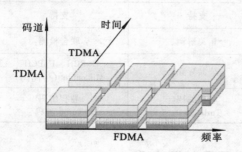

图 1-7　TDMA + FDMA + CDMA 多址方式

- 蜂窝的概念：每载波带宽（1.6 MHz）；相邻小区可以使用相同频率。
- 基本物理层技术：复用方式：（TDMA + CDMA + FDMA + SDMA）；每时隙有 1、2、4、

8、16 个码道（根据扩频因子不同）；数字调制（QPSK、8PSK、16QAM）；数字信号。

- 网络功能：电路交换、包交换；硬、接力切换；国际漫游；高速数据。

4）三种主流 3G 标准技术性能比较

三种主流技术中，WCDMA 和 CDMA 2000 采用频分双工（FDD）方式，需要成对的频率规划。WCDMA 即宽带 CDMA 技术，其扩频码速率为 3.84 Mchip/s（兆码片/秒），载波带宽为 5 MHz，而 CDMA 2000 的扩频码速率为 1.2288 Mchip/s，载波带宽为 1.25 MHz；另外，WCDMA 的基站间同步是可选的，而 CDMA 2000 的基站间同步是必需的，因此需要全球定位系统（GPS），以上两点是 WCDMA 和 CDMA 2000 最主要的区别。除此以外，在其他关键技术方面，例如：功率控制、软切换、扩频码以及所采用分集技术等都是基本相同的，只有很小的差别。

TD－SCDMA 采用时分双工（TDD）、TDMA/CDMA 多址方式工作，扩频码速率为 1.28 Mchip/s，载波带宽为 1.6 MHz，其基站间必须同步，与其他两种技术相比采用了智能天线、联合检测、上行同步及动态信道分配、接力切换等技术，具有频谱使用灵活、频谱利用率高等特点，适合非对称数据业务，表 1－3 为三种主流 3G 标准技术的性能比较。

表 1－3　三种主流 3G 标准技术性能比较

3G 标准技术 技术性能指标	WCDMA	TD－SCDMA	CDMA 2000
频率间隔	5 MHz	1.6 MHz	1.25 MHz
码片速率	3.84 Mchip/s	1.28 Mchip/s	1.2288 Mchip/s
帧长	10 ms	10 ms （5 ms sub－frame）	20 ms
Node－B 同步	不需要	需要，GPS	需要，GPS
功率控制	快速功控 1 500 Hz	200 Hz	反向：800 Hz 前向：慢速、快速功控
下行发送分集	支持	支持	支持
异频切换	支持	支持	支持
解调	相关解调	联合检测	相关解调
信道估计	公共导频	DwPCH、UpPCH， Midamble（中间码）	前向、反向导频
信道编码	卷积编码 Turbo 编码	卷积编码 Turbo 编码	卷积编码 Turbo 编码

1.1.5　移动通信系统发展及长期演进

1. 移动通信系统目前所处阶段

虽然 3G 技术已经针对 2G 系统的不足，在加强分组数据传输性能方面做了很大的增强，但市场需求的快速增长将使得 3G 定义的 2 Mbit/s 峰值传输速率显得不足。对此，在第三代移动通信技术的发展过程中，3GPP 在 R5 和 R6 版本规范中分别引入了重要的增强技术，即 HS-

DPA（高速下行分组接入）和 HSUPA（高速上行分组接入）技术。移动通信系统发展过程如图 1-8 所示。

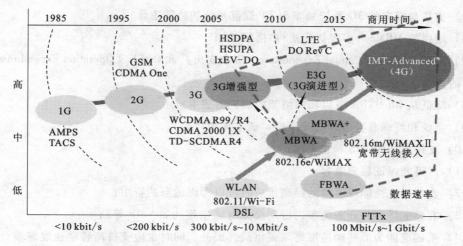

图 1-8　移动通信技术发展过程

　　HSDPA（High Speed Downlink Packet Access，高速下行分组接入）基于用户对高速分组数据业务的需求，3GPP 在 R5 引入了 HSDPA 技术。HSDPA 通过采用自适应调制与编码（AMC）、混合自动重传请求（HARQ）技术，引入高阶调制（16QAM），在 MAC 层增加了一个 MAC-hs 实体，用于数据的快速调度，可获得较 R4 更高的用户峰值速率和小区数据吞吐能力。HSDPA 技术同时适用于 FDD 和 TDD 无线传输模式，在不同系统中的实现方式是十分相似的。其基本的底层关键技术都包括 AMC、HARQ 和快速调度算法等。

2. 移动通信的长期演进

　　近年来，随着传统蜂窝移动通信技术快速发展的同时，部分宽带无线接入技术（如移动WiMAX-802.16e 技术）也开始提供部分移动功能，力图抢占移动通信的部分市场。在这种背景下，移动通信业界提出了新的市场需求，要求进一步改进 3G 技术，提供更强大的数据业务能力，以便向用户提供更好的服务，并与其他技术进行竞争。

　　因此，3GPP 和 3GPP2 相应启动了 3G 技术长期演进（Long Term Evolution，LTE）的研究工作，以保持 3G 技术的竞争力和在移动通信领域的领导地位。TD-SCDMA 作为国际 3G 标准之一，也已经在 3GPP 组织下，为向下一代国际标准演进展开了相应工作。3GPP LTE 的技术需求目标可概略为：具有更高的数据传输速率和频谱利用效率；要求下行速率达到100 Mbit/s，上行速率达到50 Mbit/s，具体如下：

　　（1）频谱利用效率达到 3GPP R6 规划值的 2~4 倍；

　　（2）在保持现今规划的 3G 小区覆盖范围大致不变的情形下，提升小区边缘数据传输速率；

　　（3）无线接入网络延时（用户平面 UE-RNC-UE）应该低于 10 ms，减小控制平面延时（技术目标规划为低于 100 ms，不包括下行寻呼延时）；

　　（4）要求支持可变带宽（1.25/1.6/2.5/5/10/15/20MHz），以适应用户业务对于灵活数据传输速率的需求；

　　（5）支持与现有的 3G 系统和非 3GPP 规范系统的协同工作；

　　（6）增强的 MBMS（多媒体广播/多播服务）；

　　（7）降低 CAPEX（Capital Expenditure，资本支出）和 OPEX（Operation Expenditure，运营支出）的成本；

　　（8）降低从 R6 UTRA 空口和网络架构演进的成本；

　　（9）系统和终端具有合理的复杂性、成本和功耗；

　　（10）支持增强的 IMS 和核心网；

　　（11）尽可能保证后向兼容；

　　（12）当与系统性能或容量的提高矛盾时可以考虑适当的折中；

　　（13）有效支持多种业务类型，特别是分组域业务（如 VoIP 等）；

　　（14）系统应能为低移动速度终端提供最优服务，同时也应支持高移动速度终端；

　　（15）系统应能工作在对称和非对称频段；

　　（16）应支持多运营商的邻频共存。

　　移动通信的长期演进如图 1-9 所示，长期演进过程中带来的新技术：OFDM（Orthogonal Frequency Division Multiplexing）中文含义为正交频分复用技术，属于多载波调制技术，它的基本思想是将信道分成许多正交子信道，在每个子信道上使用一个子载波进行调制，并且各个子载波并行传输。OFDM 具有如下特点：

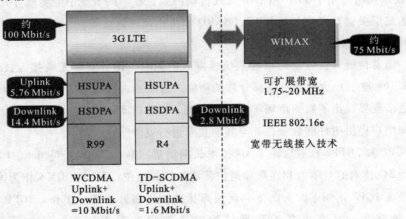

图 1-9　移动通信的长期演进

　　（1）OFDM 有着极高的频谱利用效率，它的相邻子载波具有正交性，在它们之间不需要额外的保护带。

　　（2）由于在单一子载波上不需要极高的数据传输率（高的速率通过多个子载波同时传输数据完成），这一技术的抗符号间干扰能力较强。

　　（3）OFDM 调制和解调通过简单的 FFT（快速傅里叶变换）和反向 FFT 就可以实现，大大降低了系统实现的复杂度。

（4）在 OFDM 系统中，每条链路都可以独立调制，因而该系统不论在上行还是在下行链路上都可以轻松地同时容纳多种混合调制方式。

1.2　TD–SCDMA 的发展

TD–SCDMA 标准属于 3G 无线接入技术三大主流国际标准之一。TD–SCDMA 技术已经在中国及世界广为传播，得益于技术的先进性和中国政府的大力支持，越来越多的电信业厂商积极加入共同开发的行列。

TD–SCDMA 技术论坛现已拥有 430 余家成员单位，其中包括 16 家理事成员、21 家高级成员、390 余家普通成员，涵盖海内外运营商、TD–SCDMA 核心研发企业、系统提供商、内容提供商、金融投资机构和科研院校等 TD 产业链重要环节，拥有了包括 TD–SCDMA 标准制定、基站、RNC、芯片、终端到测试仪表在内的几乎所有中外电信厂商。

1.2.1　TD–SCDMA 标准在中国的发展历程

TD–SCDMA 第三代移动通信标准是信息产业部电信科学技术研究院（CATT）在国家主管部门的支持下，根据多年的研究而提出的具有一定特色的 3G 通信标准，是中国百年通信史上第一个具有完全自主知识产权的国际通信标准，在我国通信发展史上具有里程碑的意义并将产生深远影响，是整个中国通信业的重大突破。TD–SCDMA 的提出同时得到中国移动、中国电信、中国联通等公司的大力支持和帮助。该标准文件在我国无线通信标准组（CWTS）最终修改完成后，经原邮电部批准，于 1998 年 6 月代表我国提交到 ITU（国际电信联盟）和相关国际标准组织。TD–SCDMA 系统全面满足 IMT–2000 的基本要求。采用不需配对频率的 TDD（时分双工）工作方式，以 FDMA/TDMA/CDMA 相结合的多址接入方式，同时使用 1.28 Mchip/s 的低码片速率，扩频带宽为 1.6 MHz。TD–SCDMA 系统还采用了智能天线、联合检测、同步 CDMA、接力切换及自适应功率控制等诸多先进技术，与其他 3G 系统相比具有较为明显的优势。TD–SCDMA 标准公开之后，在国际上引起强烈的反响，得到西门子等许多著名公司的重视和支持。1999 年 11 月在芬兰赫尔辛基召开的国际电信联盟会议上，TD–SCDMA 被列入 ITU 建议 ITU–RM.1457，成为 ITU 认可的第三代移动通信 RTT 主流技术之一。2000 年 5 月世界无线电行政大会正式接纳 TD–SCDMA 为第三代移动通信国际标准。从而使 TD–SCDMA 与欧洲、日本提出的 WCDMA、美国提出的 CDMA 2000 并列为三大主流标准。这是百年来中国电信史上的重大突破，标志着我国在移动通信技术方面进入世界先进行列。

以下具体介绍 TD–SCDMA 标准的发展历程：

（1）1998 年 6 月，CATT 向 ITU 提交 TD–SCDMA 技术提案。

（2）1999 年 10 月，CATT 和西门子公司组建联合团队，合作开发 TD–SCDMA 系统。

（3）2000 年 5 月，TD–SCDMA 被 ITU 批准为第三代移动通信国际标准。

（4）2001 年 3 月 16 日，TD–SCDMA 标准被 3GPP 正式接纳。

（5）2002 年 5 月，TD–SCDMA 顺利通过 MT–Net 第一阶段测试。

（6）2002 年 10 月 23 日，信息产业部发布【2002】479 号文件，公布了 3G 频谱规划，为 TD – SCDMA 标准划分了总计 155 MHz 的频段，强力支持 TD – SCDMA 技术标准。

（7）2002 年 10 月 30 日，大唐、南方高科、华立、华为、联想、中兴、中电、中国普天等 8 家知名通信企业发起成立 TD – SCDMA 产业联盟，标志着我国第一个具有自主知识产权的国际标准 TD – SCDMA 获得了产业界的整体响应。

（8）2002 年 11 月重庆和成都建设了 2 个 TSM 实验网，并且成功地打通了话音呼叫（MOC/MTC/MMC）。

（9）2003 年 10 月，"3G 在中国"峰会举行，信息产业部宣布 MT – Net 外场测试计划。

（10）2004 年 5 月，TD – SCDMA MT – Net 外场测试进入第二阶段。

（11）2004 年 11 月，由信息产业部组织的 3G MT – Net 外场试验结果公布，TD – SCDMA 顺利通过试验，试验结果充分证明了其独立组网的商用能力和突出的技术优势。

（12）2005 年 4 月，UT 斯达康、上海贝尔阿尔卡特、众友科技、上海迪比特、英华达、中山通宇和中创信测等 7 家企业正式加入 TD – SCDMA 产业联盟。至此，TD – SCDMA 产业联盟成员企业已达 21 家，由国内外知名通信企业组成的强大产业阵营已全面覆盖 TD – SCDMA 产业链的各个环节。

（13）2005 年 4 月，TD – SCDMA 国际峰会成功举行，来自国内外的 14 个厂商开发的近 20 款 TD – SCDMA 手机集体亮相。至此，一直被业界看作 TD – SCDMA 商用瓶颈的终端问题获得整体突破，进一步促进了 TD – SCDMA 向商用化、产品化、国际化方向快速发展。

（14）2005 年 6 月底，TD – SCDMA 产业化专项测试顺利完成，专家组在认真讨论后得出结论：TD – SCDMA 技术性能已完全成熟，完全可以满足大规模独立组网需要。

（15）2006 年 1 月 20 日，信息产业部正式确立 TD – SCDMA 为中国 3G 通信行业标准。

（16）2006 年 3 月份，TD – SCDMA MT – Net 外场测试进入第三阶段。

1.2.2　TD – SCDMA 标准在 3GPP 中的进展

在第三代移动通信的技术标准中，以欧洲主导的 WCDMA、美国主导的 CDMA 2000 和中国主导的 TD – SCDMA 为其中的三大主流技术。

WCDMA 标准化工作主要是由区域性的标准化组织 3GPP 负责，该组织由 ETSI（欧洲）、CWTS（中国）、ARIB（日本）、TTC（日本）、TTA（韩国）和 T1（美国）等成员组成的第三代合作组织，其目标是制定与 GSM/GPRS 相兼容的第三代移动通信标准。中国提出的 TD – SCDMA技术与 WCDMA 一起，在国际上主要是在 3GPP 完成标准化工作。在国内，主要是在中国通信标准化协会（CCSA）进行标准化工作。TD – SCDMA 早期是在 3GPP 进行技术研究和标准化工作，但从 2004 年开始，国内 CCSA 组织加强了对 TD – SCDMA 方面的研究工作，特别是政府对 TD – SCDMA 标准及产业方面给予了大力的支持，TD – SCDMA 的产业链已逐步成长及发展，TD – SCDMA 已经成为 CCSA 的一个重要研究领域。

1999 年 11 月，在 ITU – R TG8/1 会议和 2000 年 5 月的 ITU – R 全会上，TD – SCDMA

被正式接纳为 IMT-2000 方案之一。此后，TD-SCDMA 开始在 3GPP 组织内进行技术研究及标准制定的工作。在 3GPP 中有两种 TDD 技术，一种是 HCR TDD，码片速率为 3.84 Mchip/s；另一种就是 TD-SCDMA，称之为 LCR TDD，码片速率为 1.28 Mchip/s。WCDMA 和 TD-SCDMA 在网络架构上是一致的，核心网和 Iu 接口也是一致的，两者之间最主要的区别就在无线接口的物理层部分。由于物理层的双工技术不同，WCDMA 采用的是频分双工（FDD），TD-SCDMA 采用的是时分双工（TDD）。由于物理层的不同，导致 MAC 层的差异，以及在 RRC 层消息和 Iub 消息上的不同。WCDMA 与 TD-SCDMA 在无线接入子系统方面另一个比较大的差异就是软切换。软切换是 WCDMA 中一个比较重要的功能，它的优势在于可以减少掉话率，提高网络性能；缺点就是过多占用了系统的资源。在 TD-SCDMA 中，系统通过硬切换/接力切换等方式，代替了软切换技术。由于 TD-SCDMA 没有实现软切换，因此 Iur 接口也就失去了它最主要的作用。因此，在 TD-SCDMA 系统中，Iur 接口是一个不开放的接口。

WCDMA 技术的第一版本是 R99，于 1999 年 12 月发布，由于提交时间等问题，这一版本中未能包含 TD-SCDMA 的内容。自 2001 年 3 月 3GPP R4 发布后，TD-SCDMA 标准规范的实质性工作主要在 3GPP 体系下完成。在 R4 标准发布之后的两年多时间内，大唐与其他众多的业界运营商、设备制造商一起，又经过无数次会议讨论、邮件组讨论，通过提交的大量文稿，对 TD-SCDMA 标准规范的物理层处理、高层协议栈消息、网络和接口信令消息、射频指标和参数、一致性测试等内容进行了多次修订和完善，使得当前的 TD-SCDMA R4 规范达到了相当稳定和成熟的程度。

在 3GPP 的体系框架下，经过融合完善后，由于双工方式的差别，TD-SCDMA 的所有技术特点和优势得以在空中接口的物理层体现。物理层技术的差别是 TD-SCDMA 与 WCDMA 最主要的差别所在。在核心网方面，TD-SCDMA 与 WCDMA 采用完全相同的标准规范，包括核心网与无线接入网之间采用相同的 Iu 接口；在空中接口高层协议栈上，TD-SCDMA 与 WCDMA 二者也完全相同。这些共同之处保证了两个系统之间的无缝漫游、切换、业务支持的一致性、QoS 的保证等，也保证了 TD-SCDMA 和 WCDMA 在标准技术的后续发展上保持相当的一致性。

与 WCDMA 一样，TD-SCDMA 在 R5 版本中推出了 HSDPA 技术。HSDPA（High Speed Downlink Packet Access，高速下行分组接入）是 3GPP 在 R5 协议中为了满足上、下行数据业务不对称的需求而提出的一种增强技术。为了达到提高下行分组数据速率和减少时延的目的，HSDPA 技术采用混合自动请求重传（HARQ）、自适应调制编码（AMC）和快速调度等技术，提供高速的下行分组数据传输。相关的标准在 3GPP R5 版本中已经完成。采用 HSDPA 后，TD-SCDMA 增加了一种传输信道、三种物理信道，还增加了 16QAM 调制技术。采用 HSDPA 技术可以让 TD-SCDMA 系统下行链路的数据传输速率有很大的提高，单载波支持数据传输速率达到 2.8 Mbit/s。

在引入 HSDPA 技术大幅提高下行链路的数据传输速率和吞吐量后，为满足上行速率要求更高的业务发展需要，3GPP 进一步开展了对上行链路增强技术的研究，业界习惯称之为高速上行分组接入（HSUPA）。HSUPA 采用 Node B 快速调度、混合自动请求重传（HARQ）、自适应调制编码（AMC）等增强技术，提高上行链路的速率和吞吐量，降低延时。WCDMA 在 R6 版本完成了对 HSUPA 的标准化工作。在这一方面，TD-SCDMA 略晚。2006 年初，在 3GPP 内完成了 TD-SCDMA HSUPA 的可行性研究，明确了上述技术对于增强 TD-SCDMA 上行链路通信能力的作用。2007 年 9 月基本完成了在 3GPP R7 版本中制定 TD-SCDMA HSUPA 的相关标准，目前正在进一步完善过程中。

TD-SCDMA 在 R7 版本中，除 HSUPA 之外，另外一个重要内容就是 MBMS（多媒体广播组播功能）。MBMS 其实是在 R6 版本中引入的。在 R7 版本中，FDD、HCR TDD 和 LCR TDD 都对 MBMS 的物理层增强技术进行了研究，具体内容为分别研究制定了在单独载波上实现 MBMS（简称为 MBMS SFN）的技术方案。

WCDMA 在 HSPA（HSDPA 和 HSUPA 的统称）之后，开始研究 HSPA+，目前 WCDMA 已基本完成了对 HSPA+ 的标准化工作，包含在 R7 版本中。TD-SCDMA 由于 HSUPA 的延迟，导致了 HSPA+ 标准化工作的顺延，2007 年 9 月在 3GPP 立项，进行可行性研究，研究的内容主要包含：下行引入 64QAM 高阶调制、增强型 CELL_FACH、CPC 和 MIMO 等。对 TD-SCDMA 来说，HSPA+ 的内容将包含在 R8 版本中。

1.2.3 TD-SCDMA 系统优势

TD-SCDMA 系统采用了智能天线、联合检测、同步 CDMA、接力切换及自适应功率控制等诸多先进技术，与其他 3G 系统相比具有较为明显的优势，主要体现在：

1. 频谱灵活性和支持蜂窝网的能力

TD-SCDMA 采用 TDD 方式，仅需要 1.6 MHz（单载波）的最小带宽。因此频率安排灵活，不需要成对的频率，可以使用任何零碎的频段，能较好地解决当前频率资源紧张的问题；若带宽为 5 MHz 则支持 3 个载波，在一个地区可组成蜂窝网，支持移动业务。

2. 高频谱利用率

TD-SCDMA 频谱利用率高，抗干扰能力强，系统容量大，适用于人口密集的大、中城市传输对称与非对称业务，尤其适合于移动 Internet 业务（它将是第三代移动通信的主要业务）。

3. 适用于多种使用环境

TD-CDMA 全面满足 ITU 的要求，适用于多种环境。

4. 设备成本低

TD-SCDMA 设备成本低，系统性能价格比高。该系统具有我国自主的知识产权，在网络规划、系统设计、工程建设以及为国内运营商提供长期技术支持和技术服务等方面带来方便，可大大节省系统建设投资和运营成本。

1.3 TDD 在中国的频谱规划

1.3.1 频率的规划方案

1992 年 IUT 在 WARC - 92 大会上为第三代移动通信业务划分出的 230 MHz 带宽的频率，1 885 ~ 2 025 MHz 作为 IMT - 2000 的上行频段，2 110 ~ 2 200 MHz 作为下行频段，其中：

- 1 885 ~ 1 900 MHz：空，欧洲被 DECT 占用，日本被 PHS 占用；
- 1 900 ~ 1 920 MHz：TDD，公共陆地移动通信系统；
- 1 920 ~ 1 980 MHz：FDD，公共陆地移动通信系统；
- 1 980 ~ 2 010 MHz：FDD，移动卫星通信；
- 2 010 ~ 2 025 MHz：TDD，公共陆地移动通信系统；
- 2 110 ~ 2 170 MHz：FDD，公共陆地移动通信系统；
- 2 170 ~ 2 200 MHz：FDD，移动卫星通信。

世界各国和各地区其后也相继公布了第三代移动通信业务的频率分配情况。

1.3.2 中国的 3G 频率分配方案

2002 年 10 月，国家信息产业部下发文件《关于第三代公众移动通信系统频率规划问题的通知》，中国无线电委员会根据 ITU 的建议，结合本国国情，颁布了用于 3G 及未来 4G 的频段，如图 1 - 10 所示。

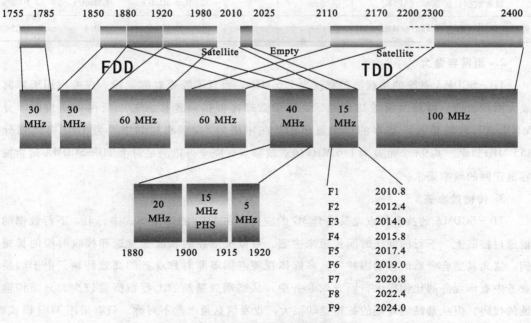

图 1 - 10 TDD 在中国的频谱规划

从图 1-10 可以看到 TDD 得到了 155 MHz 的非对称频段，目前，世界上顺利进行产业化开发的 3G TDD 国际标准只有 TD-SCDMA，也就意味着国际上划分的 TDD 频段将全部由 TD-SCDMA 技术使用，因此，TD-SCDMA 技术在全球的广泛应用是一个必然的趋势。从目前产品实现来看，各厂家使用的频段为：2 010~2 025 MHz。

1.3.3　TD-SCDMA 解决频率紧张问题

1. TD-SCDMA 系统频谱利用率高

TD-SCDMA 系统在 3 个主流 3G 标准中具有最高的频谱利用率。定义话音通信的频谱利用率为"每小时每 MHz 同时工作信道数"，数据通信的频谱利用率为"每小时每 MHz 最大传输数据速率"，表 1-4 分别计算出 GSM、IS95、CDMA2000、WCDMA 和 TD-SCDMA 的频谱利用率。

表 1-4　各种类型的频谱利用率

项目 ＼ 类型	GSM	IS95	CDMA 2000	WCDMA	TD-SCDMA
频率复用系数	7	1	1	1	1
每载波频宽（MHz）	0.4	2.5	2.5	10	1.6
每载波同时工作信道数	8	20	20	60	48
频谱利用率（话音）	2.8	8	8	6	30
最大数据传输速率（8PSK）	—	—	2.5 Mbit/s	4 Mbit/s	2 Mbit/s
频谱利用率（数据，Mbit/s/MHz/cell）	—	—	10	0.4	1.25

2. 组网容量大

TD-SCDMA 系统的单载波带宽仅为 1.6 MHz，而且不需要对称频段。在考虑用宏蜂窝完成大面积覆盖、微蜂窝覆盖热点地区、用微微蜂窝提供高速接入的三级网络结构时，分配 5 MHz 就可以组建一个基本的移动通信网。在中国的 3G 频率规划中，为 TDD 模式划分了 155 MHz 频率。共 93 个带宽为 1.6 MHz 的载波频点，完全可以满足对个 TD-SCDMA 运营商大容量建网的频率需求。

3. 传输效率高

TD-SCDMA 的技术特点尤其适合 3G 的应用，在 TDD 的工作模式中，上、下行数据的传输通过控制上、下行的发送时间长短来决定，可以灵活控制和改变发送和接收时段的长短比例。这尤其适合今后的移动因特网、多媒体视频点播等非对称业务的高效传输。由于因特网业务中查询业务的比例较大，而查询业务中，从终端到基站的上行数据量较少，只需传输网址的代码，但从基站到终端的数据量却很大，收发信息量严重不对称。只有采用 TDD 模式时，才有可能通过自适应的时隙调整将上行的发送时间减少，将下行的接收时间延长，从而来满足非对称业务的高效传输，这种优势是 FDD 模式所不具备的。

4. 网络配置灵活

TD‐SCDMA 系统能在宏蜂窝、微蜂窝、微微蜂窝各种环境下使用，同时提供各种网络配置，在用户稀少的地区，每基站的覆盖半径可以超过 10 km，并支持高速移动的用户进行多媒体通信（144 kbit/s）。在城区，每个基站的覆盖半径为 500 m~2 km；在 5 MHz 频带三扇区配置情况下，单基站可以提供超过 200Erl 的容量。在用户高度密集区，可使用分布式智能天线，提供三级小区覆盖，小区半径可在 100 m 以下。总之，TD‐SCDMA 系统可以提供几个用户到超过十几万用户的各种情况。

因此，TD‐SCDMA 能有效地解决 3G 频率紧张的矛盾，TD‐SCDMA 技术不仅为世界提供了一个更有效地利用宝贵频率资源的 3G 选择方案，同时，TD‐SCDMA 对频率的无对称要求也有效避免了对零散频段的浪费，为缓解频率资源的危机作出了不可估量的贡献。

练 习

一、填空题

1. TD‐SCDMA 系统中用到了_____多址接入技术。

2. 在 TD‐SCDMA 系统中，每载波占用的带宽为_____MHz，码片速率为_____。

3. 在 TD‐SCDMA 系统中，中国 TDD 的频段为_____。

4. 在 TD‐SCDMA 系统中，最大数据传输速率为_____。

5. TD‐SCDMA 使用的调制技术为_____。

二、填表题

移动通信系统	移动通信系统名称	双工方式	多址接入方式	调制方式	最大数据速率	目前使用频段
1G	AMPS					
2G	GSM					
	CDMA					
2.5G	GPRS					
2.75G	EDGE					
3G	WCDMA					
	CDMA 2000					
	TD‐SCDMA					
Other	PHS					
	SCDMA					

三、简答题

1. 在第一代移动通信系统中，如何来区别或标识用户？

2. 在第二代移动通信系统中，如何来区别或标识用户？

3. 简述 FDD 系统和 TDD 系统的区别。

4. 目前在中国正在使用的移动通信系统中，哪些系统使用了 TDD 技术？哪些系统使用了 FDD 技术？

5. 在 WCDMA 系统中如何来区分和标识用户？

6. 在 TD – SCDMA 系统中如何来区分和标识用户？

第2章

➡ TD - SCDMA 网络结构

TD - SCDMA 系统作为 ITU 第三代移动通信标准之一，其网络结构完全遵循 3GPP 指定的 UMTS（Universal Mobile Telecommunication System）网络结构，可以分为 UMTS 地面无线接入网（UMTS Terrestrial access Network，UTRAN）和核心网（Core Network，CN）TD - SCDMA 与 WCDMA 的网络结构基本相同，相应接口定义也基本一致，但接口的部分功能和信令有一些差别，特别是空中接口的物理层，每个标准各有特色，本章讨论 TD - SCDMA 系统的网络结构与接口方面的相关内容。

2.1　TD - SCDMA 的结构组成

3GPP R4 移动通信网按照其功能划分有四个组成部分：用户业务识别模块（USIM）域、移动设备（ME/MS）域、无线接入网（RAN）域和核心网（CN）域，如图 2 - 1 所示。

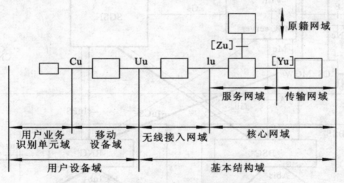

图 2 - 1　TD - SCDMA 的功能域（3GPP R4）

（1）用户业务识别模块（USIM）包含确定用户身份的数据和过程，这些功能一般存入智能卡中，它只与特定的用户有关，与用户所使用的终端无关，这项功能体现了终端移动体和用户的分离。

（2）移动设备即移动用户的通信设备，包括移动通信需要的无线传输和应用功能。一般将用户识别模块域和移动设备域合称为移动用户设备（UE）域。

（3）由于移动体（MS）与无线接入网（RAN）之间通过无线方式通信，无线接入网完成与无线通信有关的功能，并向终端提供接入到核心网的机制。无线接入网是移动通信网中承上启下的部分，内部有基站收发信机（BTS/Node B）和基站/无线接入控制器（BSC/RNC）。

移动设备通过基站收发信机以无线方式接入到移动网络，而无线部分的控制由无线接入控制器完成，同时无线接入控制器负责无线接入网与核心网的连接和信令交互。

（4）核心网主要处理移动网络内部所有的话音呼叫、数据连接和交换，以及同外部其他网络的连接和路由等，提供的功能包括用户位置信息的管理、网络特性和业务的控制、信令以及用户信息的传输机制等。核心网域又分为服务网域、原籍网域和传输网域。

用户识别模块域与移动设备域的接口定义为 Cu 接口；移动设备域与无线接入网域的接口定义为 Uu 接口，其间通过无线方式通信，因此也称为空中接口；无线接入网域与核心网域定义为 Iu 接口。TD－SCDMA 3GPP R4 的网络结构如图 2－2 所示。

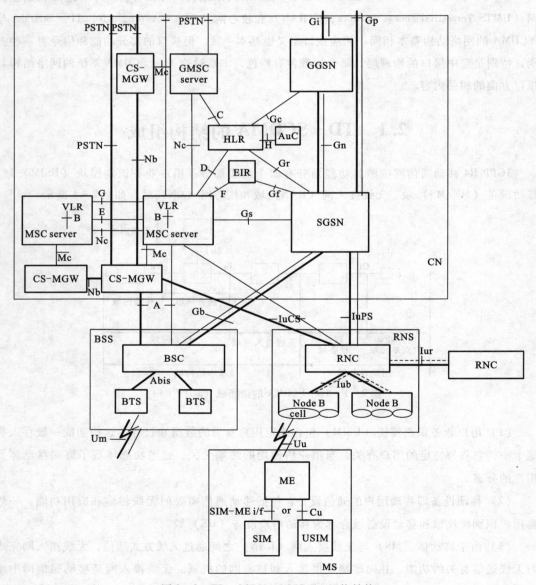

图 2－2　TD－SCDMA 3GPP R4 网络结构

图 2-2 中粗线表示用户通信接口，虚线表示信令接口。图中的 3GPP 无线接入网由无线网络子系统集（RNS）组成，RNS 通过 Iu 接口与核心网相连。无线网络子系统 RNS 包括无线网络控制器（RNC）和一个或多个 Node B。Node B 支持 FDD 模式、TDD 模式或双模式，提供 UE 以无线方式接入到移动网络，可处理一个或多个小区，并通过 Iub 接口与无线网络控制器 RNC 相连。RNC 负责切换控制，提供支持不同 Node B 间宏分集的组合、分裂等无线部分的控制功能。无线网络控制器 RNC 通过 Iur 接口相互连接，Iur 可通过 RNC 间的物理连接直接相连或通过合适的传输网相连。

核心网结构是 3GPP R4 支持电路交换（CS）和分组交换（PS）的基本配置，同时兼容第二代 GSM/GPRS 移动通信系统和第三代 WCDMA、TD-SCDMA 移动通信系统。GSM/GPRS 的基站子系统（BSS）既可以通过第二代的 A 接口和 Gb 接口分别接入移动交换中心（MSC）和服务 GPRS 业务节点（SGSN），也可以通过第三代的 Iu-CS 接口和 Iu-PS 接口分别接入媒体网关（MGW），并连接到移动交换中心（MSC）和 GPRS 业务节点（SGSN）。WCDMA、TD-SCDMA 无线网络子系统集（RNS）通过第三代的 Iu-CS 接口和 Iu-PS 接口分别接入媒体网关（MGW），并连接到移动交换中心（MSC）和服务 GPRS 业务节点（SGSN）。核心网内部包括支持电路交换（CS）移动交换中心（MSC）和关口移动交换中心（GGSN），兼容第二代移动通信系统和第三代移动通信系统电路交换（CS）业务的媒体网关（CS-MGW），以及归属位置寄存器（HLR）、来访位置寄存器（VLR）、鉴权中心（AUC）设备寄存器（EIR）和短消息业务中心（SMC）等。

2.1.1 PS 域与 CS 域的公共实体

1. HLR（本地位置寄存器）

HLR 是一个数据库，它负责移动用户的管理。一个 PLMN 可能包含一个或若干个 HLR，这取决于移动用户的数目、设备容量以及网络架构。HLR 中存储了以下信息：① 用户信息；② CS 位置信息，它用于对移动台当前注册的 MSC 发起的呼叫进行计费和路由（如：MS 漫游号、VLR 号、MSC 号以及 MS 身份标识等）。如果支持 GPRS 功能，则还有：① PS 位置信息，用于向 MS 当前注册的 SGSN 中的分组消息进行计费和路由（如：SGSN 号）；② HLR 中存储的识别号，每个移动台可以同时有不同类型的识别号，它们被存储在 HLR 中。可以有以下几种类型的识别号：IMSI（国际移动用户识别号）；MSISDN（一个或多个移动台 ISDN 号）；HLR 数据库还包含了其他信息，如：电信业务和承载业务信息；业务限制（如：漫游限制）；用户用于组呼和广播呼叫的 ID 组号；增值业务；GGSN 是否允许为用户动态分配 PDP 地址（如果支持 GPRS 业务）。

2. VLR（访问位置寄存器）

当一个移动台漫游在一个 MSC 区域时，它由负责这个区域的访问位置寄存器控制。当一个移动台（MS）进入一个新的位置区域，它会发起注册进程。负责这个区域的 MSC 监测到这个注册用户并将它转到本地的 VLR 中。如果这个移动台还没有注册，则 VLR 和 HLR 需要交换信息，接纳这个 MS，使之能正常地呼叫。一个 VLR 可以服务一个或多个 MSC。VLR 也包含了用于处理在本地数据库中注册的移动台的呼叫建立或接收的信息。

3. AUC（鉴权中心）

鉴权中心主要验证每个移动用户的 IMSI 是否合法。鉴权中心通过 HLR 向 VLR、MSC 以及 SGSN 这些需要鉴权移动台的网元发送所需的鉴权数据。鉴权中心（AUC）与 HLR 协同工作。它存储了每一个在相关的 HLR 注册的移动台的身份标识密钥。这个密钥可以用来产生：①用于鉴权国际移动用户标识（IMSI）的数据；②对移动台与网络的无线路径进行加密通信的密钥。鉴权中心只同与它相关的 HLR 在 H 接口进行通信。

4. EIR（设备识别寄存器）

在 GSM 系统中设备标识寄存器（EIR）是一个逻辑实体，它负责存储 GSM 系统中使用到的网络的国际移动设备标识（IMEI）。这个功能实体包含了一个或若干个数据库，它们存储了 GSM 系统的 IMEI。移动设备可以被分为："white listed（白单）"，"grey listed（灰单）"和 "black listed（黑单）"，因此相应的设备标识可以被分别存储在三个列表中。

2.1.2 CS 域实体

MSC 根据需求可分成两个不同的实体：MSC 服务器（用于处理信令）和电路媒体网关（用于处理用户数据）。

1. MSC Server（MSC 服务器）

MSC 服务器主要由呼叫控制（CC）和移动控制部分组成。MSC 服务器负责处理移动台发起和接收的 CS 域的呼叫，它终止了用户—网络的信令并将它转换成相关的网络—网络的信令。MSC 服务器还包含了一个 VLR 来存储移动用户服务数据和 CAMEL（Customised Applications for Mobile network Enhanced Logic，智能网）相关的数据。MSC 服务器可以通过接口控制 CS－MGW 中媒体通道的关于连接控制的部分呼叫状态。

2. CS－MGW（电路交换—媒体网关）

CS－MGW 是 PSTN/PLMN 传输终止点，并且通过 Iu 接口连接 UTRAN。CS－MGW 可以是从电路交换网络来的承载信道的终止点，也可以是从分组网络来的媒体流（如：IP 网络中的 RTP 流）的终止点。在 Iu 接口上，CS－MGW 可以支持媒体转换、承载控制和有效载荷处理（如：编解码、回音抵消、会议桥），可以支持 CS 业务的不同 Iu 选项（基于 AAL2/ATM 以及基于 RTP/UDP/IP）。

CS－MGW 与 MSC 服务器和 GMSC 相连，进行资源控制；拥有并处理资源，如：回音抵消等；并且可具有多媒体数字信号编解码器的功能。CS－MGW 将提供必要的资源来支持 UMTS/GSM 传输媒介。进一步需要 H.248 协议来支持附加的多媒体数字信号编解器和成帧协议等。CS－MGW 的承载控制和有效负荷处理能力也用于支持移动性功能，如：SRNS 重分配/切换以及定位，可以使用当前的 H.248 标准机制来实现这些功能。

3. GMSC server

GMSC server 主要由 GMSC 的呼叫控制和移动组控制组成，只完成 GMSC 的信令处理功能。GMSC server 具有查询位置信息的功能，如 UE 被呼时，网络如不能查询该用户所属的 HLR，则需要通过 GMSC server 查询，然后将呼叫转接到目前登记的 GMSC server 中。GMSC server 通过 H. 248 协议控制 MGW 中媒体通道的接续，并且支持 BICC 与 TUP/ISUP 的协议互通。

2.1.3 PS 域实体

UMTS 的 PS 域（或 GPRS）支持节点（GSN）包括网关 GSN（GGSN）和服务 GSN（SGSN）。它们构成了无线系统和提供分组交换业务的固定网络间的接口。GSN 执行所有必要的功能来处理发往/来自移动台的数据包。

1. SGSN（服务 GPRS 支持节点）

SGSN 中的位置寄存器存储了两种类型的用户数据，它们被用于处理起始的和终止的数据包传输业务，分别为：

（1）用户信息：

- IMSI；

- 一个或多个临时标识；

- 零个或多个 PDP 地址。

（2）位置信息：

- 根据 MS 的运行模式，MS 注册所在的小区或路由区域；

- 相关的 VLR 编号（如果存在 Gs 接口）；

- 一个激活的 PDP 上下文所在的 GGSN 地址。

SGSN 完成分组型数据业务的移动性管理、会话管理等功能、管理 MS 在网络内的移动和通信业务、并提供计费信息。

2. GGSN（网关 GPRS 支持节点）

GGSN 中的位置寄存器存储了来自 HLR 和 SGSN 的用户数据。需要两类的数据来处理起始的和终止的数据包传输，分别为：

（1）用户信息：

- IMSI；

- 零个或多个 PDP 地址。

（2）位置信息：MS 注册的 SGSN 的地址。

GGSN 作为移动通信系统与其他公用数据网之间的接口，同时还具有查询位置信息的功能。如 MS 被呼叫时，数据先到 GGSN，再由 GGSN 向 HLR 查询用户当前的位置信息，然后将呼叫转移到目前登记的 GGSN 中。GGSN 也提供计费接口。

3. BG（边界网关）

边界网关（BG）是支持 GPRS 的 PLMN 和外部 PLMN 主干网的网关。它用于同其他支持 GPRS 的 PLMN 互联。BG 的角色是提供适当的安全级别来保护 PLMN 和它的用户。只有支持 GPRS 的 PLMN 需要 BG。

2.2　TD‐SCDMA 的网络接口简介

TD‐SCDMA 系统的网络结构与标准化组织 3GPP 制订的通用移动通信系统 UMTS（Universal Mobile Telecommunication System）网络结构是一样的，UMTS 是 IMT‐2000 的重要成员之一。UMTS 网络由两部分组成：一部分是 UTRAN（UMTS Terrestrial access Network）；另一部分是核心网络 CN，这两部分通过 Iu 接口连接，核心网从逻辑上可分为电路交换域（CS）和分组交换域（PS），CS 域是 UMTS 的电路业务核心网，用于支持电路数据业务，PS 域是 UMTS 的分组业务核心网，用于支持分组数据业务（GPRS）和一些多媒体业务。根据 UTRAN 连接到核心网逻辑域的不同，Iu 可分为 Iu‐CS 和 Iu‐PS，其中 Iu‐CS 是 UTRAN 与 CS 域的接口，Iu‐PS 是 UTRAN 与 PS 域的接口，UTRAN 包括多个无线网络子系统 RNS。无线网络子系统 RNS 包括无线网络控制器 RNC 和一个或多个基站 Node B，Node B 和 RNC 通过 Iub 接口互联。在 UTRAN 内，不同的 RNS 通过 Iur 接口互联，Iur 可以通过 RNC 之间的直接物理连接或通过传输网连接。Node B 相当于 GSM 网络中的基站收发信台（BTS），它可采用 FDD、TDD 模式或双模式工作，每个 Node B 服务于一个无线小区，提供无线资源的接入功能；RNC 相当于 GSM 网络中的基站控制器（BSC），提供无线资源的控制功能，如图 2‐3 所示。

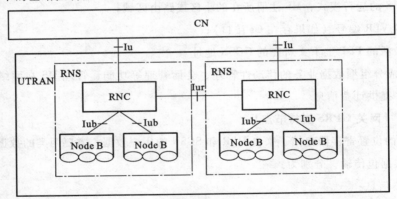

图 2‐3　UMTS 基本结构

1. Iu 接口

Iu 接口是连接 UTRAN 和核心网之间的接口，同 GSM 的 A 接口一样，Iu 接口也是一个开放的接口，这也使通过 Iu 接口相连接的 UTRAN 与 CN 可以分别由不同的设备制造商提供。Iu 接口可以分为电路域的 Iu‐CS 接口和分组域的 Iu‐PS 接口。

2. Iub 接口

Iub 接口是 RNC 与 Node B 之间的接口，用于传输 RNC 和 Node B 之间的信令及无线接口的数据。

3. Iur 接口

Iur 接口是两个 RNC 之间的逻辑接口，用于传送 RNC 之间的控制信令和用户数据。同 Iu

接口一样，Iur 接口也是一个开放的接口。Iur 接口最初设计是为了支持 RNC 之间的软切换，但是后来也加入了其他的有关特性，现在 Iur 接口的主要功能是支持基本的 RNC 之间的移动性、支持公共信道业务支持专用信道业务和支持系统管理过程。

4. Uu 接口

空中接口（无线接口）主要用来建立、重配置和释放各种无线承载业务。和 Iu 接口一样，空中接口也是一个完全开放的接口。

2.3 TD - SCDMA 的网络接口信令协议

2.3.1 Uu 接口信令协议

空中接口 Uu 接口上协议栈的分层结构如图 2－4 所示，在 Uu 接口上，协议栈按其功能和任务，被分为物理层（L1）、数据链路层（L2）和网络层（L3）等 3 层。

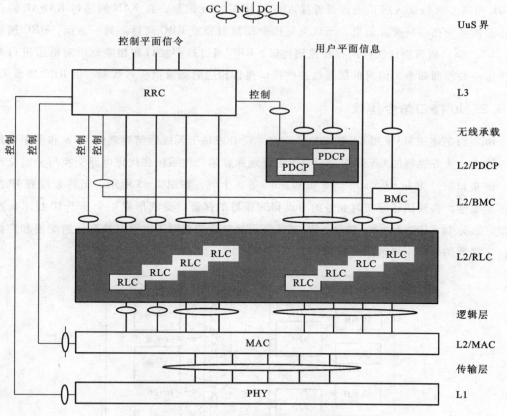

图 2－4　Uu 接口上协议栈的分层结构

L2 分为控制平面（C－平面）和用户平面（U－平面）。在控制平面中包括媒体接入控制 MAC 和无线链路控制 RLC 两个子层，在用户平面除 MAC 和 RLC 外，还有分组数据会聚协议 PDCP 和广播、多播控制协议 BMC。

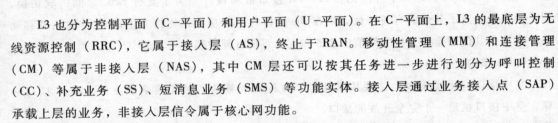

L3 也分为控制平面（C-平面）和用户平面（U-平面）。在 C-平面上，L3 的最底层为无线资源控制（RRC），它属于接入层（AS），终止于 RAN。移动性管理（MM）和连接管理（CM）等属于非接入层（NAS），其中 CM 层还可以按其任务进一步进行划分为呼叫控制（CC）、补充业务（SS）、短消息业务（SMS）等功能实体。接入层通过业务接入点（SAP）承载上层的业务，非接入层信令属于核心网功能。

在 Uu 接口协议图中，用圆圈来标注的是层（或子层）之间的业务接入点（SAP）。在物理层和 MAC 子层之间的 SAP 提供传输信道，在 RLC 子层和 MAC 子层之间的 SAP 提供逻辑信道，RLC 子层提供 3 类 SAP，对应于 RLC 的 3 种操作模式，非确认模式 UM、确认模式 AM 和透明模式 TM。在 C-平面中，接入层和非接入层之间的 SAP 定义了通用控制（GC）、通知（Nt）和专用控制（DC）等 3 类业务接入点。

无线资源控制层（RRC）处理用户终端（UE）和无线接入网（RAN）之间在第三层控制面的信令以及和更高层（非接入层）之间的关系，RRC 在 Uu 接口中具有重要作用，一方面，在 UE 侧高层（非接入层）通过业务接入点和 RRC 交互信息，在 RAN 侧通过 RANAP 协议和业务接入点与核心网交互信息，所以高层指令都被封装成 RRC 消息。另一方面，RRC 层和低层（L1、L2）所有协议实体间存在控制接口，RRC 通过这些接口和相应原语对低层进行配置和传输一些控制命令，同时低层通过这些接口报告相应的测量报告和状态，供 RRC 决策采用。

2.3.2 Iu 接口信令协议

Iu 接口是连接 RAN 和 CN 的接口，它将系统分成用于无线通信处理的 RAN 和用于处理交换、路由、业务控制的 CN 两部分。为了更好地兼容第二代系统和优化电路交换与分组交换业务，Iu 接口被分为 Iu-CS、Iu-PS 和 Iu-BC 等 3 个域，如图 2-5 所示，但将来随着 IP 技术的不断完善，将使话音等实时业务的 QoS 得到很好的保证，逐渐形成一个基于 IP 技术标准的接口。区分 Iu-CS、Iu-PS 和 Iu-BC 这 3 个子接口意味着对于电路交换到分组交换和广播控制由不同的信令和用户数据连接。

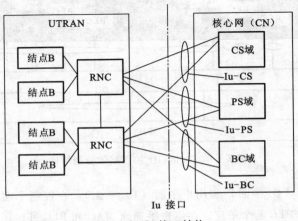

图 2-5 Iu 接口结构

从结构上看，Iu 接口可以分成 3 个域：电路交换域（Iu – CS），分组交换域（Iu – PS），和广播域（Iu – BC）。从功能上看，Iu 接口主要负责传递非接入层的控制消息、用户消息、广播信息及控制 Iu 接口上的数据传递等。

1. Iu – CS 协议结构

Iu – CS 接口协议结构如图 2 – 6 所示。

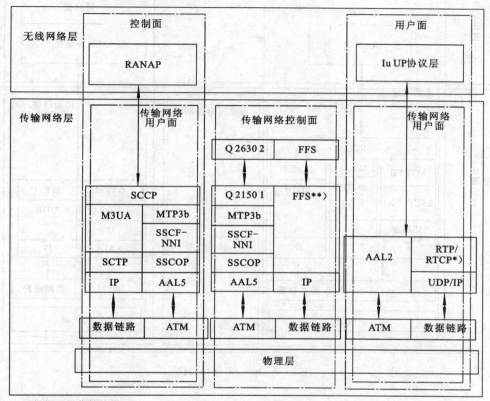

**）根据互操作性选择
*）RTCP是可选项

图 2 – 6 Iu – CS 接口协议

1）Iu – CS 控制平面

在 R99 中，控制面协议包括位于 7 号信令的无线接入网应用部分（RANAP），传输层包括信令连接控制部分（SCCP），消息传送部分（MTP – 3B）和网间接口信令 ATM 适配层（SAAL – NNI），其中 SAAL – NNI 由三部分组成：SSCF、SSCOP 和 AAL5。在 R5 网络中，引入 IP 传输后，相应的协议栈组成为：SCCP、M3UA、SCTP 和 IP 协议。

2）Iu – CS 用户平面

在 R99 中，每个电路交换业务都要预留一个 AAL2 专用连接，在 R5 之后，将会使用能够进行实时处理的 RTP/IP 协议。

3）Iu – CS 传输网络层控制平面

传输网络层控制平面也在原来用于建立 AAL2 专用连接（Q.2630.1 和适配层 Q.2150.1）

信令协议的基础上引入了相应的 IP 传输机制。

2. Iu - PS 协议结构

Iu - PS 接口协议如图 2 - 7 所示，RANAP 定义了以下功能：

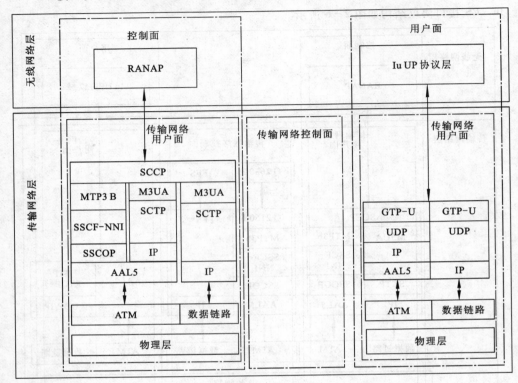

图 2 - 7 Iu - PS 接口协议

（1）服务网络控制器（Serving Radio Network Controller，SRNC）的重定位；

（2）全部无线接入承载的管理，包括无线接入承载的建立，修改和释放；

（3）对要建立的无线接入承载排队，将一些请求的无线接入承载放置在队列中，并通知接收端；

（4）请求释放无线接入承载，虽然整个无线接入承载的管理由 CN 来完成，但 UTRAN 可以请求释放无线接入承载；

（5）释放与一个 Iu 连接有关的所有资源；

（6）转发 SRNS 的上下文；

（7）控制过载，可以调整 Iu 接口的负载；

（8）Iu 接口的重新复位；

（9）将 UE 的通用 ID 发送给 RNC；

（10）寻呼用户，给 CN 提供了寻呼 UE 的能力；

（11）对跟踪 UE 活动做出控制，允许对于给定的 UE 设置跟踪模式，同时对于已经建立的跟踪去激活；

（12）在 UE 和 CN 之间传输非接入层消息；

（13）控制在 UTRAN 里的安全模式，用于向陆地无线接入网发送密钥，同时对于安全功能设置工作模式；

（14）对于位置报告做出控制；

（15）报告位置，用于将实际的位置信息从 RNC 传输到 CN；

（16）报告数据流量，对于特定的无线接入承载，用于报告没有能够成功通过 UTRAN 的下行发送数据流量；

（17）报告错误状况。

3. Iu－BC 协议结构

Iu－BS 接口协议如图 2－8 所示，服务域广播协议（SABP）定义了以下功能：

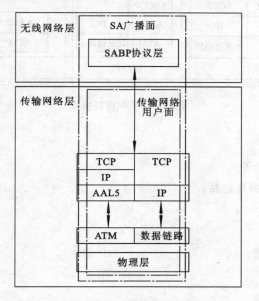

图 2－8　Iu－BC 接口协议

（1）消息处理，包括广播新的消息，修正现有的消息及停止广播特定的消息；

（2）决定广播信道的负载；

（3）复位，允许小区广播中心在一个或几个服务区域停止广播；

（4）报告错误状况。

2.3.3　Iub 接口信令协议

Iub 接口是 RNC 与 Node B 之间的接口，用来传输 RNC 和 Node B 之间的信令及无线接口数据，Iub 接口协议结构如图 2－9 所示，它的协议栈分为：无线网络层，传输网络层和物理层。

无线网络层由控制平面的 NBAP（Node B 应用部分）和用户平面的 FP（帧协议）组成，传输网络层目前采用 ATM 传输，在 R5 以后的版本中，引入了 IP 传输机制，物理层可以使用 E1，STM－1 等多种标准接口。

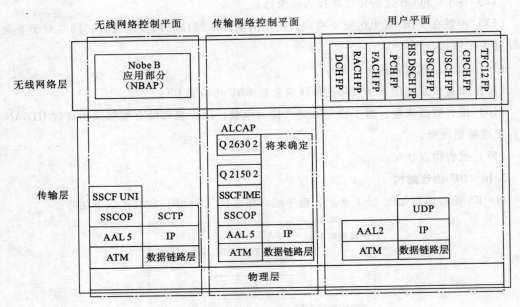

图 2-9　Iub 接口协议

Iub 接口功能如下:

(1) 管理 Iub 传输资源。

(2) Node B 的逻辑操作包括:

● Iub 链路管理;

● 小区配置管理;

● 无线网络性能测量;

● 资源事件管理;

● 公共传输信道管理;

● 无线资源管理;

● 无线网络配置等。

(3) 执行特殊 O&M 传输。

(4) 系统信息管理。

(5) 公共信道业务管理:

● 接入控制;

● 功率管理;

● 数据传输。

(6) 专用信道业务管理:

● 无线链路管理;

● 无线链路监测;

● 信道分配和重分配;

● 功率管理;

- 测量报告；
- 专用传输信道管理；
- 数据传输。

（7）共享信道业务管理：
- 信道分配和重分配；
- 功率管理；
- 传输信道管理；
- 动态物理信道分配；
- 无线链路管理；
- 数据传输。

（8）定时和同步管理：
- 传输信道同步（帧同步）；
- Node B – RNC 节点同步；
- Node B 间节点同步。

NBAP 基本过程分为公共过程和专用过程，分别对应公共链路和专用链路的信令过程：

公共 NBAP 主要功能：
- 建立 UE 的第一个无线链路，选择业务终结端点；
- 公共传输信道控制；
- 小区配置及 TDD 模式下的小区同步控制；
- TDD 模式下的共享信道配置；
- 初始化和报告小区或 Node B 的相关测量；
- 错误管理。

专用 NBAP 主要功能：
- 为特定的 UE 增加，删除以及重新配置无线链路；
- 专用信道控制；
- 报告无线链路的具体测量；
- 无线链路差错管理。

帧协议（FP）主要功能是用来传输通过 Iub 接口上的公共传输信道和专用传输信道数据流的协议。主要是把无线接口的帧转化成 Iub 接口的数据帧，同时产生一些控制帧进行相应的控制，Iub FP 的帧结构种类很多，主要分为数据帧和控制帧。

2.3.4　Iur 接口信令协议

RAN 内任意两个 RNC 之间的逻辑连接被称为 Iur 接口，它用来传送 RNC 之间的控制信令和用户数据。Iur 接口最初是为 RNC 之间的软切换而设计的，后来加入了其他功能。3GPP 对 Iur 接口的引入在支持软切换、系统无线资源管理、更加开放的网络结构方面做出了典范，具有重要的意义，图 2 – 10 为 Iur 接口协议结构。

Iur 接口功能包括：

- 传输网络管理；

- 公共传输信道的业务管理，包括公共传输信道的资源准备和寻呼功能；

- 专用传输信道的业务管理，包括无线链路的建立、增加、删除和测量报告等功能；

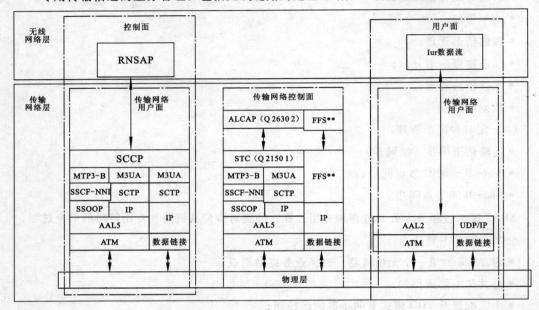

图 2-10　Iur 接口协议

- 下行共享传输信道和上行共享传输信道的业务管理，包括无线链路的建立、增加删除和容量分配等功能；

- 公共和专用测量对象的测量报告。

练　习

1. 请把图 2-11 中的协议与不同的接口用线连接起来。

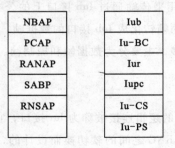

NBAP	Iub
PCAP	Iu-BC
RANAP	Iur
SABP	Iupc
RNSAP	Iu-CS
	Iu-PS

图 2-11

2. 请在图 2-12 中空白处填入网元名称和接口名称（以下网络基于 3GPP R4）。

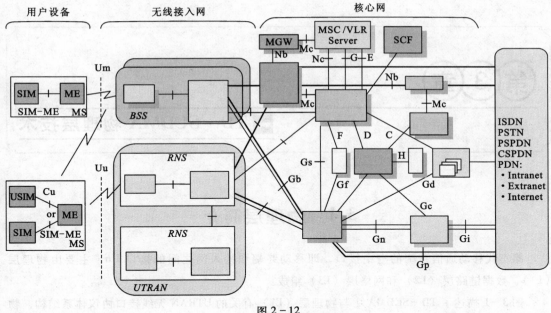

用户设备　　　　　无线接入网　　　　　　　　　　核心网

图 2-12

3. 简答：

（1）UTRAN 系统中的主要接口有哪些？

（2）什么是接入层？什么是非接入层？

（3）Iu 接口和 Iub 接口控制面的应用协议分别是什么？

（4）Uu 口的数据链路层都包括哪些子层？

（5）RNC 传输网络层中用于建立用户面数据承载的传输网络控制面协议是什么？

3.1　物理层简介

　　第三代移动通信系统的空中接口，即移动终端和接入网之间的接口 Uu，主要由物理层（L1），数据链路层（L2）和网络层（L3）组成。

　　图 3－1 描述了 TD－SCDMA 中与物理层（L1）有关的 UTRAN 无线接口协议体系结构。物理层连接 L2 的媒质接入控制（MAC）子层和 L3 的无线资源管理（RRC）子层。图中不同层/子层之间的圈表示服务接入点（SAPs）。物理层向 MAC 层提供不同的传输信道，信息在无线接口上的传输方式决定了传输信道的特性。MAC 层向 L2 的无线链路控制（RLC）子层提供不同的逻辑信道，传输信息的类型决定了逻辑信道的特性。物理信道在物理层定义，TDD 模式下，一个物理信道由码、频率和时隙共同决定，物理层由 RRC 控制。物理层向高层提供数据传输服务，这些服务的接入是通过传输信道来实现的，为提供数据服务，物理层需要完成以下功能：

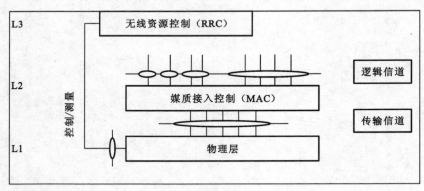

图 3－1　空中接口协议结构

- 传输信道的前向纠错码的编译码；
- 传输信道和编码组合传输信道的复用/解复用；
- 编码组合传输信道到物理信道的映射；
- 物理信道的调制/扩频和解调/解扩；
- 频率和时钟（码片、比特、时隙和子帧）同步；
- 开环/闭环功率控制；

- 物理信道的功率加权和合并；
- 射频处理（注：射频处理描述见 3GPP TS25.100 系列规范）；
- 错误检测和控制；
- 速率匹配（复用在 DCH 上的数据）；
- 无线特性测量，包括 FER、SIR、干扰功率，等等；
- 上行同步控制；
- 上行和下行波束成形（智能天线）；
- UE 定位（智能天线）。

图 3－2 是 TD－SCDMA 系统的通信模型。

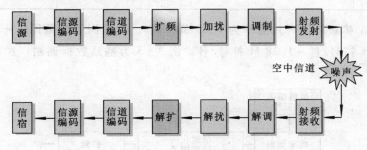

图 3－2　TD－SCDMA 系统通信模型

3.2　多址接入和双工方式

TD－SCDMA 的多址接入方案是直接序列扩频码分多址（DS－CDMA），扩频带宽为 1.6 MHz，采用不需配对频率的 TDD（时分双工）工作方式。TDD 模式定义如下：TDD 是一种双工方法，它的前向链路和反向链路的信息是在同一载频的不同时间间隔上进行传送的。在 TDD 模式下，物理信道中的时隙被分成发射和接收两个部分，前向和反向的信息交替传送。

因为在 TD－SCDMA 中，除了采用了 DS－CDMA 外，它还具有 TDMA 的特点，因此，经常将 TD－SCDMA 的接入模式表示为 TDMA/CDMA。TD－SCDMA 的基本物理信道特性由频率、码和时隙决定。1.6 MHz 的载频带宽是根据 200 KHz 的载波光栅配置方案得来的。TD－SCDMA 使用的帧号（0～4095）与 UTRA 建议相同。

信道的信息速率与符号速率有关，符号速率可以根据 1.28 Mchip/s 的码速率和扩频因子得到。上下行的扩频因子都在 1～16 之间，因此各自调制符号速率的变化范围为 80.0 K 符号/秒～1.28 M 符号/秒。

3.3　数据调制与扩频

在 TD－SCDMA 中，经过物理信道映射后的数据流还要进行数据调制和扩频调制。数据调制可以采用 QPSK 或者 8PSK 的方式，即将连续的两个比特（QPSK）或者连续的 3 个比特（8PSK）映射为一个符号，为了支持 HSDPA 下行还可以用 16QAM 的调制方式，数据调制后的复数符号再进行扩频调制。扩频采用 OVSF 码，其特点是码的正交性较好，基本的调制与扩频参数如表 3 - 1 所示。

表 3 - 1 TD - SCDMA 系统基本的调制与扩频参数

码速率	1.28 Mchip/s	载波间隔	1.6 MHz
数据调制方式	QPSK 8PSK（2 Mbit/s） 16QAM（HSDPA）	脉冲成型	根升余弦 滚降系数 $\alpha = 0.22$
扩频特性	正交 Q 码片/符号 其中 $Q = 2^n$，$0 < p < 4$	—	—

TD - SCDMA 扩频后的码片速率为 1.28 Mchip/s，扩频因子的范围 1～16，调制符号的速率为 80.0 k 符号/秒～1.28 M 符号/秒。图 3 - 3 为基站数据调制、扩频调制以及加扰的实现过程。

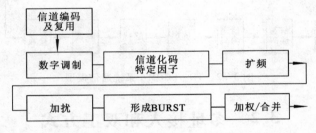

图 3 - 3 基站调制、扩频及加扰的实现

3.3.1 数据调制技术

1. 符号速率和符号周期

符号速率 $F_s^{(k)}$ 和符号周期 $T_s^{(k)}$ 定义如下：

$$T_s^{(k)} = Q_k T_c$$

其中，$T_c = 1/\text{chiprate} = 0.781\,25$ 是码片持续时间，Q_k 为扩频因子。

$$F_s^{(k)} = 1/T_s^{(k)}$$

K 个 CDMA 码可以分配给一个用户，也可以分配给不同的用户，用于在同样的频率同样的时隙同时发射突发，K 小于等于 16，具体取值与各自的扩频因子、实际干扰情况和业务要求有关。每个正规突发中有两个称为数据块的部分，用来承载数据，即

$$d^{(k,i)} = (d_1^{(k,i)}, d_2^{(k,i)}, \ldots, d_{N_k}^{(k,i)})^{\mathrm{T}} \qquad i = 1, 2; \; k = 1, \ldots, K$$

其中，N_k 为第 k 个用户每个数据块包括的符号数，其值与扩频因子 Q_k 有关。数据块 $d^{(k,1)}$ 在 midamble 码之前发送，$d^{(k,2)}$ 在 midamble 码之后发送，N_k 个数据符号中的每一个 $d_n^{(k,1)}$ 的持续时间为 $T_s^{(k)} = Q_k \times T_c$。

2. QPSK 调制

QPSK 调制将两个连续数据比特 $b_{1,n}^{(k,i)} b_{2,n}^{(k,i)}$ 映射到一个复数符号 $d_n^{(k,i)}$，其映射关系如表 3 - 2 所示。

表 3 - 2　两个连续数据比特映射到复数符号

连续二进制比特	复数符号	连续二进制比特	复数符号
$b_{1,n}^{(k,i)} b_{2,n}^{(k,i)}$	$d_n^{(k,i)}$	00	$+j$
01	$+1$	10	-1
11	$-j$	—	—

3. 8PSK 调制

2 Mbit/s 业务的物理信道映射后的输出数据比特将进行 8PSK 数据调制。8PSK 调制将三个连续数据比特 $b_{1,n}^{(k,i)} b_{2,n}^{(k,i)} b_{3,n}^{(k,i)}$ 映射到一个复数符号 $d_n^{(k,i)}$，其映射关系如表 3 - 3 所示。

表 3 - 3　三个连续数据比特映射到复数符号

连续二进制比特	复数符号	连续二进制比特	复数符号
$b_{1,n}^{(k,i)} b_{2,n}^{(k,i)} b_{3,n}^{(k,i)}$	$d_n^{(k,i)}$	000	$\cos(11\pi/8) + j\sin(11\pi/8)$
001	$\cos(9\pi/8) + j\sin(9\pi/8)$	010	$\cos(5\pi/8) + j\sin(5\pi/8)$
011	$\cos(7\pi/8) + j\sin(7\pi/8)$	100	$\cos(13\pi/8) + j\sin(13\pi/8)$
101	$\cos(15\pi/8) + j\sin(15\pi/8)$	110	$\cos(3\pi/8) + j\sin(3\pi/8)$
111	$\cos(\pi/8) + j\sin(\pi/8)$	—	—

4. 16QAM 调制

16QAM 调制用于高速下行分组接入（HSDPA）的下行链路。16QAM 调制将四个连续数据比特 $b_{1,n}^{(k,i)} b_{2,n}^{(k,i)} b_{3,n}^{(k,i)} b_{4,n}^{(k,i)}$ 映射到一个复数符号 $d_n^{(k,i)}$，其映射关系如表 3 - 4 所示。

表 3 - 4　四个连续数据比特映射到复数符号

连续二进制比特	复数符号	连续二进制比特	复数符号
$b_{1,n}^{(k,i)} b_{2,n}^{(k,i)} b_{3,n}^{(k,i)} b_{4,n}^{(k,i)}$	$d_n^{(k,i)}$	0000	$j\frac{1}{\sqrt{5}}$
0001	$-\frac{1}{\sqrt{5}} + j\frac{2}{\sqrt{5}}$	0010	$\frac{1}{\sqrt{5}} + j\frac{2}{\sqrt{5}}$
0011	$j\frac{3}{\sqrt{5}}$	0100	$\frac{1}{\sqrt{5}}$
0101	$\frac{2}{\sqrt{5}} - j\frac{1}{\sqrt{5}}$	0110	$\frac{2}{\sqrt{5}} + j\frac{1}{\sqrt{5}}$
0111	$\frac{3}{\sqrt{5}}$	1000	$-\frac{1}{\sqrt{5}}$
1001	$-\frac{2}{\sqrt{5}} + j\frac{1}{\sqrt{5}}$	1010	$-\frac{2}{\sqrt{5}} - j\frac{1}{\sqrt{5}}$
1011	$-\frac{3}{\sqrt{5}}$	1100	$-j\frac{1}{\sqrt{5}}$
1101	$\frac{1}{\sqrt{5}} - j\frac{2}{\sqrt{5}}$	1110	$-\frac{1}{\sqrt{5}} - j\frac{2}{\sqrt{5}}$
1111	$-j\frac{3}{\sqrt{5}}$	—	—

3.3.2 扩频通信技术

1. 扩频通信技术的基本概念

扩展频谱（Spread – Spectrum，SS）技术是指用来传输信息的射频带宽远大于信息本身带宽的一种通信方式。最初应用于军事导航和通信系统中。到第二次世界大战末，通过扩展频谱的方法达到抗干扰的目的已成为雷达工程师们熟知的概念。通常所说的扩频系统需要满足以下几个条件：

- 信号占用的带宽远远超出发送信息所需要的最小带宽。
- 扩频是由扩频信号实现的，扩频信号与要传输的数据无关。
- 接收端解扩（恢复原始信号）是将接收到的扩频信号与扩频信号的同步副本通过相关完成。

扩频通信的基本原理如图3－4所示。

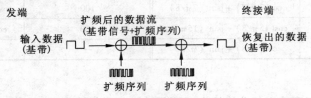

图3－4　扩频通信的基本原理图

采用扩频的目的主要有以下几点：

（1）提高抗窄带干扰的能力，如图3－5所示，特别是对付有意的干扰，例如敌对的电台的有意干扰，这些干扰信道的功率都集中在较窄的频带内，所以对于宽带的扩频信号影响不大。

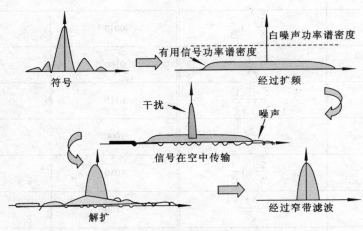

图3－5　扩频通信抗窄带干扰能力

（2）将发射信号掩藏在背景噪声中，以防止窃听。扩频信号的发射功率虽然不是很小，但是功率谱密度可以很小，使之低于噪声的功率谱密度，所以使侦听者很难发现。

（3）提高抗多径传输效应的能力。由于扩谱调制采用的扩谱码可以用来分离多径信号，所以有可能提高抗多径传输的能力。

（4）提供多个用户共用同一频带的能力。在一个很宽的频带中，可以容纳多个用户的扩频信号，这些信号采用不同的扩频码，因此可以用码分多址的原理，区分各个用户的信号，如图3-6所示。

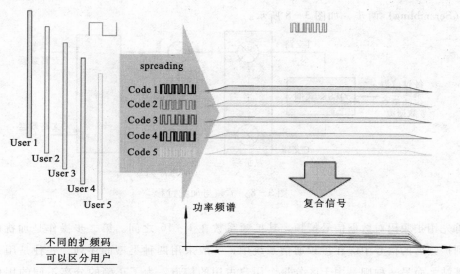

图3-6　扩频码区分不同用户

2. 扩频通信常用术语

（1）Bit：经过信源编码的含有信息的数据称为"比特"。

（2）Symbol：经过信道编码、交织后和数字调制后的复值数据称为"符号"。

（3）Chip：用于和符号相乘的比特码信号称为"码片"。

（4）Chip Rate：码片传输速率称为"码片速率"，对于TD-SCDMA系统，码片速率为1.28 Mchips/s。

（5）Spreading Factor：每个数据符号内的码片数称为"扩频因子"。

比特、符号、扩频之间的关系如图3-7所示。

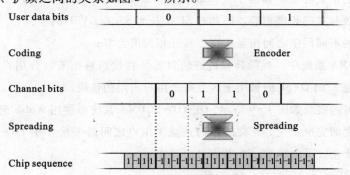

图3-7　比特、符号、扩频码的关系

3. 扩频码和扰码

因为 TD - SCDMA 与其他 3G 一样，均采用宽带 CDMA 的多址接入技术，所以扩频是其物理层很重要的一个步骤。扩频操作位于调制之后和脉冲成形之前。扩频调制主要分为扩频和加扰 (Scrambling) 两步，如图 3 - 8 所示。

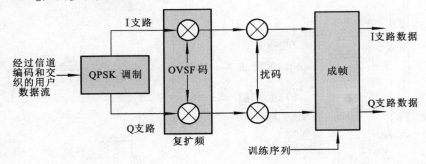

图 3 - 8　扩频与加扰过程

首先用扩频码对数据信号扩频，其扩频系数在 1 ~ 16 之间。第二步操作是加扰码，将扰码加到扩频后的信号中。在扩频通信系统中，一般采用两种类型的序列，一种是用于区分用户或基站，而另一种则是用于区分每个用户占用的信道。为了正确的分离不同的用户和不同的信道，可利用不同的伪随机序列的自相关性和互相关性。扰码和扩频码分别具有以下的特性：

（1）扰码 (Scrambling Code)：

● 尖锐的自相关特性；

● 尽可能小的互相关值；

● 足够多的序列数；

● 尽可能大的序列复杂度。

（2）扩频码：

● 码长是 2 的整数次幂；

● 对于定长的正交可变扩频因子 (Orthogonal Variable Spreading Factor，OVSF) 码，包含的码字总数与其码长度相等，即共有 SF 个长为 SF 的 OVSF 码字；

● 长度相同的不同码字之间相互正交，其互相关值为零；

可见，在 CDMA 系统中，扰码具有良好的自相关特性而被用于区分用户或基站，而互相关性良好（正交性）的 OVSF 码被用于区分每个用户占用的信道。

CDMA 中码树的概念如图 3 - 9 所示，在 TD - SCDMA 系统中使用 Walsh 码做为扩频码，在系统同步时，码之间完全正交，正交的目的是减少用户之间的干扰。在 TD - SCDMA 系统中，OVSF 码定义了 SF = 1，2，4，8，16 共五种。其中：

● 上行用到 SF = 1，2，4，8，16 五种；

● 下行用到 SF = 1 和 16 两种。

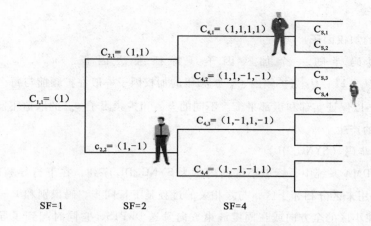

图 3-9 CDMA 中码树的概念

TD-SCDMA 系统中用到的扩频因子如图 3-10 所示。

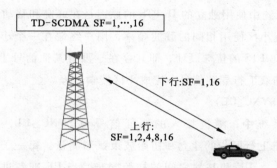

图 3-10 TD-SCDMA 系统中用到的扩频因子

在 TD-SCDMA 系统中,扩频码的作用是用来区分同一时隙中的不同用户,如图 3-11 所示。

在 TD-SCDMA 中,扰码长度固定为 16 bit,共有 128 个扰码序列。采用扰码来标识小区属性,如图 3-12 所示。

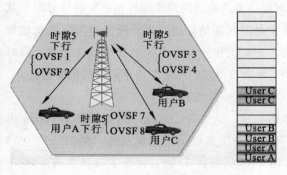

图 3-11 TD-SCDMA 系统的扩频码

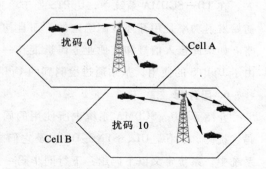

图 3-12 TD-SCDMA 系统扰码

4. 扩频码的加权因子

每个扩频码伴随一个加权因子（特征乘法因子）$w_{0,i}^{(k)}$，$w_{0,i}^{(k)} \in \{e^{j\pi/2p_k}\}$，$p_k \in \{0, \dots, Q_k - 1\}$，$Q_k$ 为扩频因子，扩频码的加权因子一般在扩频前与每个数据调制后的数据符号相乘，以保证实部和虚部平衡。不同的 k 值和扩频因子 $w_{0,i}^{(k)}$ 的取值不同。

5. 同步码的产生

1）下行同步码（SYNC_DL）

在 TD-SCDMA 系统中，标识小区的码称为 SYNC_DL 序列，在下行导频时隙（DwPTS）发射 SYNC_DL 用来区分相邻小区，与之相关的过程是下行同步、码识别和 P-CCPCH 信道的确定。基站将在小区的全方向或在固定波束方向发送 DwPTS，它同时起到了导频和下行同步的作用。DwPTS 由长为 64 chips 的 SYNC_DL 和长为 32 chips 的 GP 组成，整个系统有 32 组长度为 64 的基本 SYNC_DL 码，1 个 SYNC_DL 唯一标识 1 个基站和 1 个码组，每个码组包含 4 个特定的扰码，每个扰码对应 1 个特定的基本 midamble 码。

在 TD-SCDMA 系统中使用独立的 DwPTS 的原因是在蜂窝和移动环境下解决 TDD 系统的小区搜索问题。当邻近小区使用相同的载波频率，用户终端在一个小区交汇区域移动状态下开机的条件下，因为 DwPTS 的特殊设计，即其存在于没有其他信号干扰的单独时隙，因而能够保证用户终端快速捕获下行导频信号，完成小区搜索过程。

2）上行同步码（SYNC_UL）

在 TD-SCDMA 系统中，随机接入的特征信号为 SYNC_UL，在上行导频时隙发射。SYNC_UL 有关的过程有上行同步的建立和初始波束赋形测量。每一子帧中的 UpPTS 在随机接入和切换过程中用于建立 UE 和基站之间的初始同步，当 UE 准备进行空中登记和随机接入时，将发射 UpPTS。UpPTS 由长度为 128 chips 的 SYNC_UL 和长度为 32 chips 的 GP 组成。整个系统有 256 个不同的 SYNC_UL，分成 32 组，每组 8 个。码组是由基站确定，因此，8 个 SYNC_UL 对基站和已获得下行同步的 UE 来说都是已知的。当 UE 要建立上行同步时，将从 8 个已知的 SYNC_UL 中随机选择 1 个，并根据估计的定时和功率值在 UpPTS 中发射。

在 TD-SCDMA 系统中，UpPTS 处于单独时隙的原因是当用户终端在初始发射信号时，其初始发射功率是用开环控制确定的，而且初始发射时间是估算的，因而同步和功控都比较粗略。如果此接入信号和其他业务码道混在一起，会对工作中的业务码道带来较大干扰。同时由于 UpPTS 的使用，基站通过检测到的 UpPTS，可以给出定时提前和功率调整的反馈信息。

6. 码分配

介绍了 TD-SCDMA 系统中所使用的同步码之后，这里对于系统中用到的基本 Midamble 码、扰码、SYNC_UL、SYNC_DL 以及它们之间的对应关系做一个简单总结，在 TD-SCDMA 系统中，系统定义以下码组：下行同步码一共用 32 个，分成 32 组，每个下行同步码由 96 个码片组成，可用于同步和小区初搜，SYNC_DL 也可以区分相邻小区。上行同步码一共 256 个，分成 32 组，每组 8 个，每个上行导频码由 160 个码片组成，用于手机随机接入时选用。扰码一共 128 个，分成 32 组，每组 4 个，扰码长度为 16 比特，扰码用于标识小区。基本训练序列（Midamble）一共 128 个，分成 32 组，每组 4 个，训练序列长度为 144 码片，训练序列用于联合检测时信道估计、上行同步保持、测量，详见表 3 - 5。从表中可以看出，整个系统有 32 个码组，其中一个 SYNC_DL 唯一标识一个基站和一个码组，每个码组包含 8 个 SYNC_UL，4 个扰码和 4 个基本 midamble 码，其中扰码和基本 midamble 码存在一一对应的关系。

表 3 - 5　TD - SCDMA 系统中码表

码组	各相关码			
	SYNC_DL ID	SYNC_UL ID	扰码 ID	基本 Midamble 码 ID
码组 1	0	0 ~ 7 (000 ~ 111)	0	0
			1	1
			2	2
			3	3
码组 2	1	8 ~ 15 (000 ~ 111)	4	4
			5	5
			6	6
			7	7
......				
码组 32	31	248 ~ 255 (000 ~ 111)	124	124
			125	125
			126	126
			127	127

3.4　TD - SCDMA 时隙结构

TD - SCDMA 的物理信道采用四层结构：系统帧、无线帧、子帧和时隙/码。依据不同的资源分配方案，子帧或时隙/码的配置结构可能有所不同。所有物理信道在每个时隙中需要有保护符号。时隙用于在时域和码域上区分不同用户信号，它具有 TDMA 特性。图 3 - 13 给出了 TD - SCDMA 的物理信道的信号格式。

TDD 模式下的物理信道是一个突发，在分配到的无线帧中的特定时隙发射。无线帧的分配可以是连续的，即每一帧的时隙都可以分配给物理信道，也可以是不连续的分配，即仅有无线帧中的部分时隙分配给物理信道。一个突发由数据部分、Midamble 部分和一个保护时隙组成。一个突发的持续时间就是一个时隙。一个发射机可以同时发射几个突发，在这种情况下，几个突发的数据部分必须使用不同 OVSF 的信道码，但应使用相同的扰码。Midamble 码部分必须使用同一个基本 Midamble 码，但可使用不同的 Midamble 码偏移。对于支持多载频的小区，不同载频需要使用相同的基本 Midamble 码。

突发的数据部分由信道码和扰码共同扩频。信道码是一个 OVSF 码，扩频因子可以取 1，2，4，8 或 16，物理信道的数据速率取决于所用的 OVSF 码所采用的扩频因子。突发的 Midamble 部分是一个长为 144 chips 的 Midamble 码。因此，一个物理信道是由频率、时隙、信道码和无线帧分配来定义的。

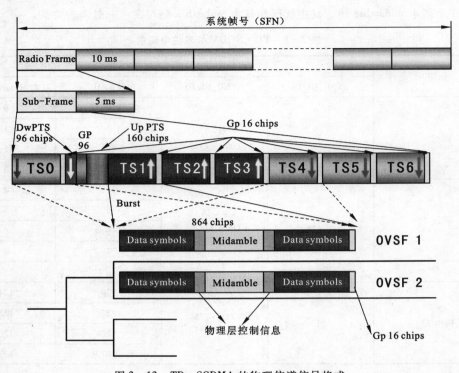

图 3 – 13   TD – SCDMA 的物理信道信号格式

3GPP 定义的一个 TDMA 帧长度为 10 ms。TD – SCDMA 系统为了实现快速功率控制和定时提前校准以及对一些新技术的支持（如智能天线、上行同步等），将一个 10 ms 的帧分成两个结构完全相同的子帧，每个子帧的时长为 5 ms。子帧结构如图 3 – 14 所示。

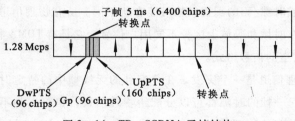

图 3 – 14   TD – SCDMA 子帧结构

3.4.1   特殊时隙

1. 下行导频时隙 DwPTS

下行导频设计的目的主要是为了同步和小区初搜，下行导频时隙由 32 个码片的保护间隔（用作 TS0 时隙的拖尾保护）和 64 个码片的下行同步序列组成。SYNC_DL 是一组 PN 码，用于区分相邻小区，系统中定义了 32 个码组，每个码组对应于一个 SYNC_DL 序列，SYNC_DL PN 码集在蜂窝网中可以复用，下行导频时隙结构图如图 3 – 15 所示。

下行导频码的发射，要满足覆盖整个区域的要求，因此不采用智能天线赋形。将下行导频放在单独的时隙中，一个是便于下行同步的迅速获取，同时也可以减少对其他时隙的干扰。按物理信道划分，发送下行同步码的信道叫做下行导频信道。

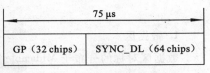

图 3 – 15　下行导频时隙结构图

2. 上行导频时隙 UpPTS

每个子帧中的 UpPTS 时隙在 UE 初试接入中用来发送上行同步码（SYNC_UL），以建立和 Node B 的上行同步。UpPTS 时隙长度为 160 码片，其中同步码长为 128 码片，另有 32 码片用作拖尾保护。多个 UE 可以在同一时刻发起上行同步建立。Node B 可以在同一子帧的 UpPTS 时隙识别多达 8 个不同的上行同步码，按物理信道的划分，用于上行同步建立的信道叫做上行导频信道（UpPCH）。一个小区中最多可有 8 个 UpPCH 同时存在。上行导频时隙结构如图 3 – 16 所示。

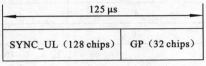

图 3 – 16　上行导频时隙结构图

3. 保护时隙 GP

在 DwPTS 和 UpPTS 之间，有一个保护间隔，它是 Node B 下行和上行的一个转换点。GP 由 96 个码片组成，时长 75 μs。GP 可以确定基本的小区覆盖半径为 11.25 km。同时较大的保护带宽，可以防止上下行信号相互之间的干扰，还允许 UE 在发送上行同步信号时进行一些时间提前。

如图 3 – 17 所示，电波传播的速度为 3×10^8，TD – SCDMA 系统的码片速率为 1.28 Mchip/s，由此可以得到每码片传输的距离 (3×10^8) /1.28 Mchip/s/2 = 117 m/chip，上式中的 2 是指 2 倍的时间提前量，由 GP 有 96 个码片可得，在不存在干扰的情况下，TD – SCDMA 系统的覆盖范围：96×117 m = 11.25 km，但实际上 TD – SCDMA 的覆盖半径比 11.25 km 要大。

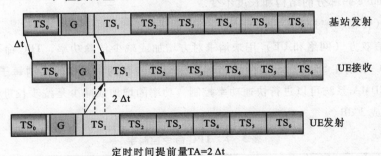

定时时间提前量 TA=2 Δt

图 3 – 17　GP 确定小区覆盖范围

3.4.2　常规时隙

TS0 ~ TS6 共 7 个常规时隙被用作用户数据或控制信息传输，他们具有相同的时隙结构，每个时隙被分为 4 个区域：两个数据区，一个训练序列（Midamble）区和一个时隙保护（GP）区，如图 3 – 18 所示。

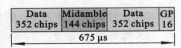

图 3 – 18　常规时隙结构图

1. 数据区

数据区对称的分布于 Midamble 码的两端，每个区域长度为 352 码片，所能承载的数据符号（Symbol）数取决于所用的扩频因子。每一数据区所容纳的数据符号数 S 与扩频因子 SF 的关系为：S × SF = 352，如表 3 − 6 所示。

表 3 − 6　扩频因子和数据块符号数的关系

扩频因子（SF）	每个数据块符号数（S）	扩频因子（SF）	每个数据块符号数（S）
1	352	2	176
4	88	8	44
16	22	—	—

上行：SF = 1，2，4，8，16　　　　　　　　下行：SF = 1，16

数据域用于承载来自传输信道的用户数据或高层控制信息，除此之外，在专有信道和部分公共信道上，数据域的部分数据符号还用来承载物理层信令。在 TD − SCDMA 系统中，存在着 3 种类型的物理层信令：TFCI、TPC、SS。在一个常规时隙的突发中，如果物理层信令存在，则它们的位置安排在 Midamble 码的两边。

（1）TFCI（传输格式组合指示）

用于通知接收方当前激活的传输格式组合，接收方籍此可以正确对接收到的数据进行解码。一个突发中是否存在 TFCI，由通信双方的高层在呼叫建立时通过协商确定，并由高层对物理层进行配置。

TFCI 是在各自物理信道的数据部分发送，这就是说 TFCI 和数据比特具有相同的扩频过程。因此 Midamble 码部分的结构和长度不变。

（2）TPC（传输功率控制）

TPC 被通信双方（网络和 UE）用来请求对方增加或减少传输功率，TPC 命令控制字如表 3 − 7 所示，TPC 紧跟在 SS 之后，这两种物理层信令是共存的。TPC 的控制每子帧进行一次，这使得 TD − SCDMA 系统可以进行快速功率控制。功率的增加或减少是按步长进行的，每步可为 1 dB、2 dB 或 3 dB。

表 3 − 7　TPC 命令控制字

TPC Bits	TPC 命令	含义
00	'Down'	减小发送功率
11	'Up'	增加发送功率

（3）SS（同步偏移控制符号）

SS 被网络端用来对 UE 的传输时延进行控制，该符号仅在下行信道中有意义，在上行方向，SS 符号没有意义。与 TPC 的控制相同，SS 的控制也是每子帧进行一次，这使得 TD − SCDMA系统可以进行快速同步控制，SS 命令控制字如表 3 − 8 所示。

SS 被用于每 M 子帧命令定时调整 $(k/8)$ T_c，T_c 是码片间隔。k 和 M 由网络信令通知。M（取值范围 1 ~ 8）和 k（取值范围 1 ~ 8）可以在已建立呼叫过程调整，也可以在呼叫过程中重新调整。由 UTRAN 信令调整的 SS 最小步长是 1/8 个码片周期。

表 3 – 8 SS 命令控制字

SS Bits	SS 命令	含义
00	'Down'	减小（$k/8$）T_c 个同步偏移
11	'Up'	增加（$k/8$）T_c 个同步偏移
01	'Do nothing'	保持不变

2. 训练序列（Midamble）

Midamble 码可用于进行信道估计、测量，如上行同步保持以及功率测量等。在同一小区内，同一时隙内的不同用户所采用的 Midamble 由一个基本的 Midamble 经循环移位后而产生。如表 3 – 9 所示，Midamble 长 144 chips，由长度为 128 的基本 Midamble 生成，基本 Midamble 共128 个 。128 个基本 Midamble 分成 32 组，以对应 32 个 SYNC_DL 码；每组为 4 个不同的基本Midamble，基本 Midamble 和扰码一一对应，Midamble 码的信道估计如图 3 – 19 所示。

表 3 – 9 基本 Midamble 码表

码编号	基本 Midamble 码（长度 128）
0	B2AC420F7C8DEBFA69505981BCD028C3
1	0C2E988E0DBA046643F57B0EA6A435E2
2	D5CEC680C36A4454135F86DD37043962
3	E150D08CAC2A00FF9B32592A631CF85B
...	......
127	D3ACF0078EDA9856BBB0AF8651132103

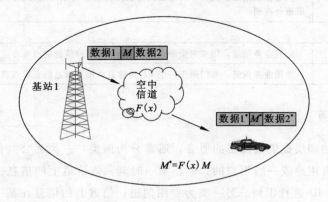

图 3 – 19 Midamble 码信道估计

M—基站发射 Midamble 码；$F(x)$—空中信道；M^*—经过空中信道的 Midamble 码

3.5 TD‑SCDMA 系统中的信道

在 TD‑SCDMA 系统中，存在 3 种信道模式：逻辑信道，传输信道和物理信道。逻辑信道是 MAC 子层向上层（RLC 子层）提供服务，它描述的是传送什么类型的信息；传输信道作为物理层向高层提供的服务，它描述的是信息如何在空中接口上传输。TD‑SCDMA 通过物理信道直接把需要传送的信息发送出去，也就是说在空中传输的都是物理信道承载的信息。

3.5.1 逻辑信道

MAC 层通过逻辑信道为高层提供服务。逻辑信道的类型是根据 MAC 提供不同类型的数据传输业务而定义的。逻辑信道通常划分为两类：即用来传输控制平面信息的控制信道和用来传输用户平面的业务信道，具体如表 3–10 所示。

表 3–10 逻辑信道的功能

逻辑信道缩写	信 道 功 能
控制信道	
BCCH	广播控制信道，广播系统控制信息
PCCH	寻呼控制信道，传输寻呼信息
CCCH	公共控制信道，在网络和终端之间发送控制信息的双向通道，它总是映射到 FACH/RACH 上
DCCH	专用控制信道，在网络和终端之间传送专用控制信息的点对点的双向通道，该信道在 UE 与 RRC 连接过程中建立
SHCCH	共享控制信道，网络和终端之间传送控制信息的双向通道，用来对上行/下行共享信道进行控制
业务信道	
CTCH	公共业务信道，用来向全部或部分 UE 传输用户信息的点对多点信道
DTCH	专用业务信道，专门用于一个 UE 传输自身用户信息的点对点双向通信

3.5.2 传输信道

传输信道作为物理层提供给高层的服务，通常分为两类，一类为公共信道：此类信道上的信息是发送给所有用户或一组用户的，但在某一时刻，该信道上的信息也可以针对单一用户，这时需要用 UE ID 进行识别。另一类为专用信道：信道上的信息在某一时刻只发给单一的用户，具体如表 3–11 所示。

表 3–11 传输信道的功能

传输信道缩写	传输信道功能
公共传输信道	
BCH	广播信道，用于广播系统和小区特有信息

传输信道缩写	传输信道功能
PCH	寻呼信道，当系统不知道移动台所在的小区位置时，承载发向移动台的控制信息
FACH	前向接入信道，用于当系统知道移动台所在的小区位置时，承载发向移动台的控制信息。FACH 也可以承载一些短的用户信息数据包
RACH	随机接入信道，用于承载来自移动台的控制信息。RACH 也可以承载一些短的用户信息数据包
USCH	上行共享信道，是一种被几个 UE 共享的上行传输信道，用于承载专用控制数据或业务数据
DSCH	下行共享信道，是一种被几个 UE 共享的下行传输信道，用于承载专用控制数据或业务数据
专用传输信道	
DCH	用于在 UTRAN 和 UE 之间承载的用户或控制信息的上/下行传输信道

3.5.3　物理信道

物理信道分为专用物理信道（DPCH）和公共物理信道（CPCH），具体如图 3−12 所示。

表 3−12　物理信道的功能

物理信道缩写	物理信道功能
公共物理信道	
PCCPCH	主公共物理控制信道 BCH 在物理层映射到主公共控制物理信道（P−CCPCH1 和 P−CCPCH2）； TD−SCDMA 中的 P−CCPCHs 的位置（时隙/码）是固定的（TS0）； P−CCPCHS 映射到 TS0 最初两个码道，扩频因子为 16； P−CCPCH 使用天线的全小区覆盖模式发送信息； 对支持多频点的小区，承载 P−CCPCH 的载频称为主载频，不承载 P−CCPCH 的载频称为辅载频。对支持多频点的小区，有且只有一个主载频
SCCPCH	辅助公共物理控制信道 PCH 和 FACH 可以映射到一个或多个辅助公共控制物理信道（S−CCPCH），这种方法可使 PCH 和 FACH 的数量可以满足不同的需要； S−CCPCH 所使用的码和时隙在 BCH 广播； 对支持多频点的小区，S−CCPCH 将只在主载频上进行发送； S−CCPCH 采用 SF = 16 的固定扩频方式，并使用 16 为扩频因子
PRACH	物理随机接入信道 RACH 映射到一个或多个上行物理随机接入信道，这种情况下，可以根据运营者的需要，灵活确定 RACH 的容量； 对支持多频点的小区，PRACH 将只在主载频上进行发送； 上行 PRACH 的扩频因子为 4，8 或 16。其配置（时隙数和分配到的扩频码）通过 BCH 在小区中广播。PRACH 中允许使用的扩频码集和相关的扩频因子在 BCH 中广播（在 BCH 上的 RACH 设置参数）
FPACH	快速物理接入信道 FPACH 是 Node B 在单一突发上承载的对发送给用户设备的响应，该响应带有定时和功率电平调整指示的检测信号； FPACH 只使用扩频因子是 16 的一个资源单元，因此它的突发是由 44 个符号组成。扩频码、训练序列和时隙位置由网络设置并且在广播信道上给出； 对支持多频点的小区，FPACH 通常在主载频上进行发送。FPACH 在辅载频上可以有条件的使用，条件之一为 UE 在切换时可以在辅载频上使用 FPACH 信道，对于其他条件下的使用有待进一步研究

物理信道缩写	物理信道功能
PUSCH	物理上行共享信道，用户物理层的特有参数，如功率控制、定时提前及方向性天线设置等，都可以从相关信道（FACH 或 DCH）中得到。PUSCH 为在上行链路中传送 TF-CI 信息提供了可能
PDSCH	物理下行共享信道 用户物理层的特有参数，如功率控制、定时提前及方向性天线设置等，都可以从相关信道（FACH 或 DCH）中得到。PDSCH 为在下行链路中传送 TFCI 信息提供了可能； 有三种通知方法可用来指示用户在 DSCH 上有要解码的数据：①使用相关信道或 PD-SCH 上的 TFCI 信息；②使用在 DSCH 上的用户特有的 Midamble 码，它可从该小区所用的 Midamble 码集中导出；③使用高层信令； 当使用 Midamble 码这一基本方法时，如果 UTRAN 分配给用户的 Midamble 码是在 PD-SCH 中发送的，则用户将对 PDSCH 进行解码。对于这种方法，不能再有其他的物理信道使用与该 PDSCH 相同的时隙，且只能有一个 UE 可以与 PDSCH 同时共享一个时隙
PICH	寻呼指示信道是一个用来承载寻呼指示的物理信道，对支持多频点的小区，PICH 将只在主载频上进行发送
DwPCH	下行导频信道 DwPCH 用于下行同步； DwPCH 在每个子帧中以提供全小区覆盖的天线赋形发送。此外，它以高层信令给出的连续功率电平发送； 对支持多频点的小区，DwPCH 将只在主载频上进行发送
UpPCH	上行导频信道 UpPCH 用于上行同步； UpPCH 通常在主载频上进行发送。UpPCH 在辅载频上可以有条件使用，条件之一为 UE 在切换时可以在辅载频上使用 UpPCH 信道，对于其他条件下的使用有待进一步研究
专用物理信道	
DPCH	专用物理信道，用于承载来自专用传输信道（DCH）的数据。

3.5.4 逻辑信道、传输信道、物理信道映射关系

逻辑信道、传输信道、物理信道映射的关系如图 3－20 所示。

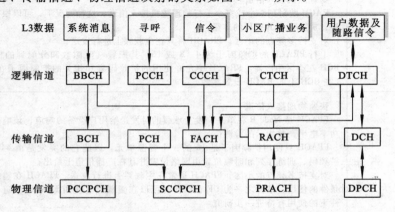

图 3－20 逻辑信道、传输信道、物理信道映射关系

3.6 信道在实际载波中的配置及系统容量

3.6.1 单载波情况下信道的配置及容量

1. 单载波情况下信道的配置

由于规范中对物理信道在单载波情况下的规定只有以下几点：

- P-CCPCH 只能在 TS0 的最初两个码道，且 SF=16；
- S-CCPCH 采用 SF=16 的固定扩频方式；
- 上行 PRACH 的扩频因子为 4，8 或 16；
- FPACH 只使用扩频因子是 16 的一个资源单元。

所以，各厂家在满足上述规范要求的情况下，可以根据自身设备特点，对信道进行灵活配置。

2. 单载波情况下系统的容量

1）语音业务

以语音 AMR12.2kbit/s 为例：对于 AMR12.2kbit/s 语音用户，上行占一个扩频因子等于 8 的码道，下行占两个扩频因子等于 16 的码道。

根据图 3-21 所示，可以计算出单载波情况下，每个时隙承载 8 个用户，3∶3 时隙配置系统最多支持 23 个语音用户。

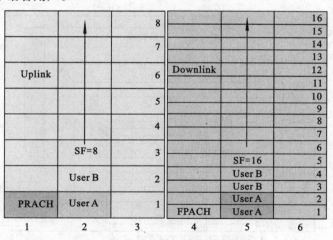

图 3-21 语音用户占用码道资源

2）PS 或 CS64K 数据业务

对于 PS 或 CS64K 数据业务，从占用物理资源角度来讲是一样的：对于 64 K 数据业务的用户，上行占 1 个扩频因子等于 2 的码道，下行占 8 个扩频因子等于 16 的码道。

根据图 3-22 所示，单时隙最大业务速率128 kbit/s，1∶5 时隙配置，可以计算出单载波最大业务速率为 640 kbit/s。

当随着网络的不断发展，用户越来越多，单载波容量已经不能满足用户的需求时就需要考虑增加载波了。

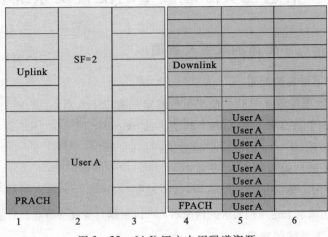

图 3 - 22　64 K 用户占用码道资源

3.6.2　多载波情况下信道的配置及容量

同其他移动通信系统一样，为了满足移动通信市场不断增长的需求，在同一扇区/小区进行多载频覆盖将是 TD - SCDMA 系统增大系统容量的重要手段，图 3 - 23 所示为三载波配置情况。

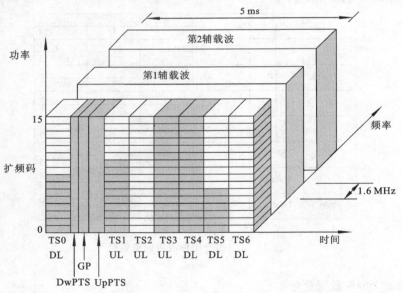

图 3 - 23　三载波配置情况

从图 3 - 23 中看到多载波可以使系统容量增加。下面介绍多载波情况下的信道配置。

1. 每个载波都配置广播、下行导频和公共信道

目前的 TD - SCDMA（即 LCR TDD）标准没有考虑多载频特性。因而，Uu 接口对于无线资源的操作、配置都是针对一个载频进行的，在 Iub 接口小区建立的过程中一个 Cell 也是只配置了一个绝对频点号；如果是多载频，则每个载频被当作一个逻辑小区。

例如图 3-24 所示，其中三个扇区使用相同的频率，对于三扇区三载频的情况，则认为有 9 个逻辑小区，针对每个小区完成独立的操作，也即 9 个小区发送各自的导频和广播信息。这样，多载频系统的每个载频都必须配置一套完整的公共信道，而其中的 BCH、FACH 和 PCH 均为全向信道。则多载频基站在实际组网时不但对发射机功率要求很高，而且在同频组网的情况下，载频间广播信道的干扰也很严重，同时系统的效率也非常低，如图 3-25 所示。

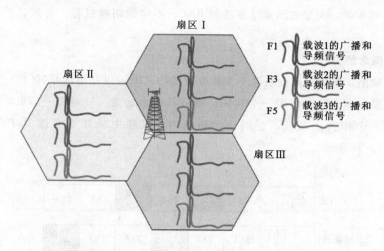

图 3-24　每个扇区中存在多个广播和下行导频

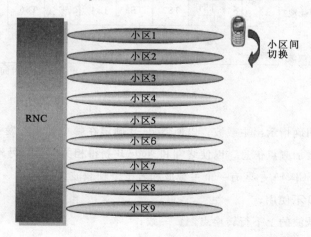

图 3-25　9 个逻辑小区情况

一个终端如果处于小区交界处，它将面临如下具体问题：

（1）小区搜索困难。为了解决 TDD 系统在蜂窝网下的小区初始搜索问题，TD-SCDMA 设计了独特的帧结构，通过下行导引时隙（DwPTS）实现小区搜索。此时隙中没有业务数据，信噪比很高。由于终端处于交界处，相邻小区都将在此频率发射 DwPTS，码不同，基站距离终端的位置又相差不大，终端接收此导引信号的信噪比将达到 -5 dB，甚至更差，而且相邻载波均差不多。这样将使初始搜索非常困难。

（2）终端测量复杂。由于每个载波均为一个小区，小区交界处的终端将可能测量到多个邻近小区差不多相同的信号电平。在目前标准中，终端只测量 6 个最强的小区，面临远远多于此数量的小区，终端完全可能陷入复杂的、难以判别的测量过程中。

（3）切换困难。上述的测量结果送到 RNC，将导致切换判定上的困难，并将导致不停的切换过程，使系统负荷明显增加。也可能导致错误的切换判定，降低系统的服务质量。

（4）系统效率低。大量的测量结果送到 RNC，不停的切换过程，必然将严重降低系统的效率。

2. N 频点概念的引入

针对上述缺陷，解决方案就是对于多载波覆盖的区域，仅在小区/扇区的一个载波上发送导频和广播信息，多个频点使用一个共同广播。具体做法为：针对每一扇区，从分配到的 N 个频点中确定一个作为主载波，在同一个扇区内，仅在主载波上发送 DwPTS 和广播信息（TS0），如图 3 - 26 所示。

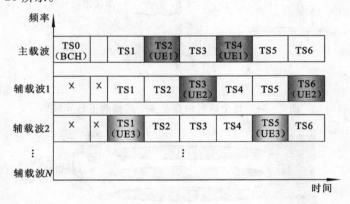

图 3 - 26 N 频点小区

在配置中需要明确指示出主载波，以便 Node B 确定在哪个频率上发送广播，而且在信道配置的消息中需要增加频点信息，以便终端和 Node B 获得相关内容。另外一些约定如下：

- N 频点 TD - SCDMA 小区有一个主载波和若干个辅载波组成；
- 辅载波的 TS0 不使用；
- 主载波和辅载波的上下行转换点配置一致；
- 主载波和辅载波使用相同的扰码和基本 Midamble；
- 小区公共资源，如广播信道（BCH）、随机接入信道（RACH）、寻呼信道（PCH）、下行导频信道（DwPTS）等只配置在主载波；
- 下行公共传输信道（FACH）目前只允许配置在主载波；
- 目前上下行共享信道只允许配置在主载波上；
- 专用信道、上行同步信道和下行确认信道（UpPCH 和 FPACH）可以配置在任一载波。（FPACH 通常在主载频上进行发送，但 FPACH 在辅载波上可以有条件使用，条件之一为 UE 在切换时可以在辅载波上使用 FPACH 信道，如果 FPACH 配置在辅载波，Node B 也应该把该载波上的 UpPCH 激活。）但是：目前阶段上行接入只允许在主载波上进行。

目前终端受限情况如下：

- 多时隙配置应限定为在同一载波上；
- 同一用户的上下行配置在同一载波上；
- 终端在任一个时刻只能工作在一个频点上。

N 频点方案所能带来的优点如下：

- 公共信道限制在主载波上，减少了公共信道的载波间干扰，提高系统性能；
- 终端初始搜索准确、快速；
- 同时只在主载波上发公共信息，将大大降低对其他系统的干扰；
- 同一覆盖区内，相比单频点系统，N 频点系统可以提供与频点数成线性比例的容量提升；
- 终端只需对小区主载波进行测量，相比单频点的覆盖，终端的测量行为简化许多；
- N 频点小区内上下行同步严格对齐，所以频点间切换无需重新完成同步；
- 频点间切换的低复杂度为多个频点小区提供了较高的无线资源调度增益。

3.7　信道编码与复用

3.7.1　信道编码的目的

信源编码是用信道能传输的符号来代表信源发出的信息，使信源更适合信道传输，并在不失真或允许一定失真的条件下，用尽可能少的符号来传送信源信息，提高信息传送率。信道编码的主要目的是在信道受干扰的情况下，提高信道的抗干扰能力，提高信息传送的可靠度，同时又保持尽可能大的信息传输率。数字通信系统模型如图 3-27 所示。

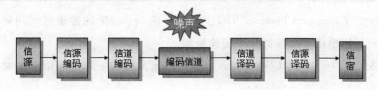

图 3-27　数字通信系统模型

3.7.2　信道编码相关概念

（1）传输块（Transport Block，TB）。这是物理层处理的 MAC 子层和物理层之间数据交换的基本单元，物理层将为每一个传输块加上 CRC 校验信息。

（2）传输块集（Transport Block Set，TBS）。定义为多个传输块的集合，这些传输块是在物理层与 MAC 子层间的同一传输信道上同时交换。

（3）传输块大小（Transport Block Size，TBS）。定义为一个传输块的比特数。按 3GPP 的规定，在一个给定的传输块集中，所有传输块的大小是固定并且相同的。

（4）传输块集大小（Transport Block Set Size，TBSS）。定义为一个传输块集所包含的比特数。

（5）传输时间间隔（Transmission Time Interval，TTI）。定义为传输块集的相互到达时间，它等于物理层通过空中接口发送该传输块集的周期。若 MAC 与物理层之间存在着多条并行的传输信道，则每一传输信道可能有自己独立的 TTI，TTI 只能是最小交织周期（10 ms）的整数倍。MAC 将在每一个 TTI 内将一个传输块集送到物理层。

为了让大家更好地理解上面提到的基本概念，以图 3-28 为一个 64 K 数据传输的例子。

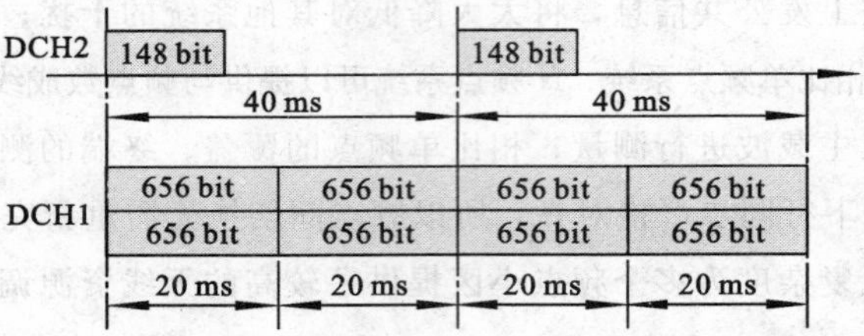

图 3-28　MAC 层和物理层之间的数据交换

根据上图，我们可以得出表 3-13 所示的信道参数。

表 3-13　DCH1 和 DCH2 的信道参数

信道参数	DCH1（64 kbit/s）	DCH2（3.4 kbit/s）
传输块大小	656 bits	148 bits
传输块集大小	656×B bits （B=0，1，2）	148×B bits （B=0，1）
传输时间间隔	20 ms	40 ms

（6）传输格式（Transport Format，TF）。定义为在一个给定的传输时间间隔内，物理层和 MAC 之间通过一条传输信道交换的一个传输块集。

（7）传输格式集（Transport Format Set，TFS）。定义为与一个传输信道上允许的传输格式的集合。

（8）传输格式组合（Transport Format Combination，TFC）。为了提高传输效率，物理层将把从一条或多条传输信道上接收的数据组合起来构成一条或多条编码组合传输信道（CCTrCH）。

（9）传输格式组合集（Transport Format Combination Set，TFCS）。定义为一条编码组合传输信道 CCTrCH 上所有传输格式组合的集合。

（10）传输格式指示（Transport Format Indicator，TFI）。它是 MAC 与 PHY 层交换数据时的一个参数，用以指示信道传输格式集中一个特定的传输格式。

（11）传输格式组合指示（Transport Format Combination Indicator，TFCI）。它描述当前传输格式组合。

3.7.3 信道编码及复用过程

1. CRC 校验

CRC 校验指数据块的循环冗余校验，用于计算数据的误块率。对每一传输时间间隔内到达的传输块集，CRC 处理单元将为其中的每一传输块附加上独立的 CRC 校验码，CRC 码的长度可为 24 bit、16 bit、12 bit、8 bit 或 0 bit，具体的比特数目由高层根据传输信道所承载的业务类型来决定。

2. 传输块的级连和分割

给一个 TTI 内的所有传输块附加上 CRC 校验比特后，从编号最小的传输块开始，连同附加的 CRC 校验比特，将它们依次串行连接起来，如图 3 - 29 所示。如果串连后的一个 TTI 中的总比特数大于一个编码块允许的最大长度，则在传输块级连，需要进行码块分割处理，如图 3 - 30 所示。码块分段后，每个码块的比特数必须相同，如果传输块级联后的比特数不是码块数的整倍数，则需要在第一个码块的前面填充 0，对 Turbo 编码，如果编码前数据长度小于40 bit，则在码块前填充 0，补足 40 bits。不同编码方案的最大码块长度如下：

- 卷积编码：Z = 504；
- Turbo 编码：Z = 5114；
- 无编码：Z = 任意值。

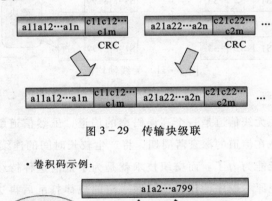

图 3 - 29 传输块级联

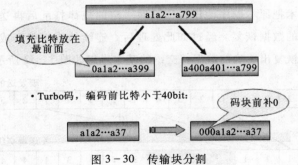

图 3 - 30 传输块分割

3. 信道编码

为了提高信息在无线信道中传输的可靠性，提高数据在信道上的抗干扰能力，TD - SCDMA 系统采用了 3 种信道编码方案：卷积编码、Turbo 编码和无编码。不同类型的传输信道所使用的编码方案和编码率如表 3-14 所示。

表 3-14   信道编码方案和编码率

TrCH 类型	编码方案	编码率
BCH		1/3
PCH		1/3, 1/2
RACH	卷积编码	1/2
		1/3, 1/2
DCH, DSCH, FACH, USCH	Turbo 编码	1/3
	无编码	

4. 无线帧均衡

为了便于数据到物理信道的映射,需要根据物理资源的配置情况以及传输时间间隔对码块进行均匀化处理,这就是无线帧长度均衡。设 Fi 为传输信道一个 TTI 包含的无线帧数,如果编码块级联后的比特数不是 Fi 的整倍数,则需要在码块后增加填充比特,以保证无线帧分段后每个无线帧具有相同的比特数,如图 3-31 所示。

TrCH TTI=20 ms

图 3-31   无线帧均衡

5. 第一次交织

受传播环境的影响,无线信道是一个高误码率的信道,虽然信道编码产生的冗余可以部分消除误码的影响,可是在信道的深衰落周期,将产生较长时间的连续误码,对于这类误码,信道编码的纠错功能就无能为力了。而交织技术就是为了抵消这种持续时间较长的突发性误码而设计的。交织技术把原本顺序的比特流按照一定的规律打乱后再送入信道,接收端再按相应的规律将接收到的数据恢复。经过如此处理后,连续的错误就变成了随机的差错,通过解信道编码,就可以恢复出正确的数据,交织的基本思想如图 3-32 所示。

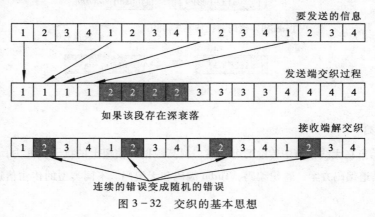

图 3-32   交织的基本思想

一次交织是进行列间交织的块交织，它完成无线帧之间的交织。交织矩阵的列数和列间置换模式由传输信道的 TTI 决定，采用按行写入，进行列间置换后按列读出，如图 3－33 所示。

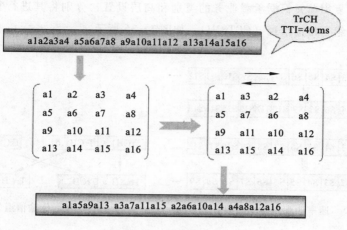

图 3－33　第一次交织

6. 无线帧分割

当传输信道的 TTI 大于 10 ms 时，需要将输入比特序列分成 Fi 段，并映射到连续 Fi 个无线帧上，如图 3－34 所示。无线帧分段为速率匹配和传输信道复用作准备。Fi = TTI/10，如果 TTI = 5 ms，则 Fi = 1。

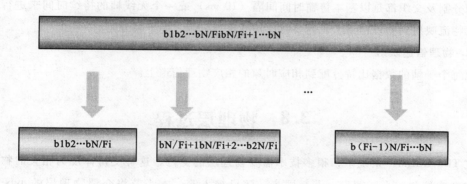

图 3－34　无线帧分割

7. 速率匹配

速率匹配是指传输信道上的比特被重发（Repeated）或者被打孔（Punctured），如图 3－35 所示。一个传输信道中的比特数在不同 TTI 可以发生变化，而所配置的物理信道容量（或承载比特数）却是固定的。因而，当不同 TTI 的数据比特发生改变时，为了匹配物理信道的承载能力，输入序列中的一些比特将被重发或打孔，以确保在传输信道复用后总的比特率与所配置的物理信道承载能力相一致。

8. 传输信道复用

根据无线信道的传输特性，在每一个 10 ms 周期，来自不同传输信道的无线帧被送到传输信道复用单元。复用单元根据承载业务的类别和高层设置，分别将其进行复用和组合，构成一条或多条编码组合传输信道（CCTrCH），如图 3 - 36 所示。

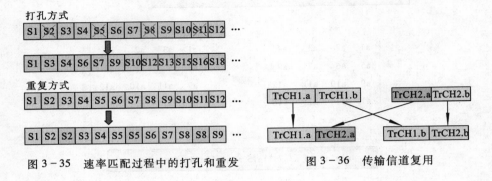

图 3 - 35　速率匹配过程中的打孔和重发　　图 3 - 36　传输信道复用

9. 第二次交织

第二次交织是一种块交织，其过程包括数据到一个矩阵的比特输入，矩阵的列间交换以及矩阵删减后的比特输出。

10. 子帧分割

在 TD - SCDMA 系统中，一个无线帧被分成两个子帧，每个子帧的持续时间为 5 ms。前面描述的分割及交织都是以基本传输时间间隔（10 ms）或一个无线帧的持续时间来进行的，为了将比特流映射到物理信道上，需要再次对其进行分割，即子帧分割。

11. 物理信道映射

把每个子帧的数据比特分配到相应时隙的相应物理信道上。

3.8　物理层过程

在 TD - SCDMA 系统中，很多技术需要物理层的支持，这种支持体现为相关的物理层过程，如功率控制、小区搜索、上行同步、随机接入等。本小节将介绍物理层的小区搜索及随机接入有关操作过程。

3.8.1　小区搜索

在初始小区搜索中，UE 搜索到一个小区，并检测其所发射的 DwPTS，建立下行同步，获得小区扰码和基本 midamble 码，控制复帧同步，然后读取 BCH 信息。初始小区搜索可按以下步骤进行：

1. 搜索 DwPTS

UE 利用 SYNC_DL 序列获取某一小区的 DwPTS，建立下行同步。这一步通常是通过一个或多个匹配滤波器（或类似的装置）与接收到的 SYNC_DL 序列进行匹配来实现。在这里，

UE 必须识别出该小区所使用的 32 个 SYNC_DL 中的某一个。

2. 识别扰码和基本 midamble 码

在初始小区搜索的第二步，UE 需要确定该小区的基本 midamble 码，这是通过检测 TS0 信标信道的 midamble 码实现的。在 TD－SCDMA 系统中，共有 128 个基本 midamble 码，且互不重叠，每个 SYNC_DL 序列对应一组 4 个不同的基本 midamble 码。也就是说，基本 midamble 码的序号除以 4 就是 SYNC_DL 码的序号。因此 32 个 SYNC_DL 和 32 个基本 midamble 码组一一对应（即一旦 SYNC_DL 确定之后，UE 也就知道了该小区所采用的 4 个 midamble 码）。这时 UE 可以采用试探法和错误排除法确定该小区到底采用哪种基本 midamble 码。在一帧中使用相同的基本 midamble 码。由于每个基本 midamble 码与扰码是一一对应的，确定了基本 midamble 码之后也就知道了扰码。根据确认的结果，UE 可以进行下一步或返回到第一步。

3. 控制复帧同步

在第三步中，UE 搜索 BCH 的复帧主信息块 MIB（Master Information Block）的位置。首先确定 P－CCPCH 的位置，通过 QPSK 调制的 DwPTS 的相位序列（相对于在 TS0 信标信道的 midamble码）来标识。n 个连续的 DwPTS 足以可以检测出 P－CCPCH 的位置。确定了 P－CCPCH 后，根据解调出的系统帧号 SFN 值，可以确定 MIB 的位置。于是，UE 可决定是否执行下一步或回到第二步。

4. 读 BCH 信息

在第四步中，UE 读取搜索到小区的一个或多个 BCH 上的（全）广播信息，根据其结果，决定是完成初始小区搜索还是重新返回到以上的几步。

3.8.2 随机接入过程

1. 随机接入准备

当 UE 处于空闲模式时，它将保持下行同步并读取小区广播信息。从 DwPTS 中使用的 SYNC_DL 码，UE 可以得到为随机接入而分配给 UpPTS 的 8 个 SYNC_UL 码（签名）的码集。关于 PRACH、FPACH 和 S－CCPCH（承载 FACH 逻辑信道）信道的一些参数（码、扩频因子、midambles、时隙）都会在 BCH 上广播。因此，当发送 SYNC_UL 序列时，UE 可知道接入时所使用的 FPACH 资源、PRACH 资源和 CCPCH 资源。UE 需要在 UpPCH 发射之前对关于随机接入的 BCH 信息进行解码。

2. 随机接入过程

物理随机接入过程可以按图 3－37 所示步骤执行。

3. 随机接入（冲突）处理

在冲突可能性较大时，或在较差的传播环境中，Node B 不发射 FPACH，或不能接收 SYNC_UL。在这种情况下，UE 就得不到 Node B 的任何响应。因此 UE 在一个随机延迟后必须重新测量调整发射时间和发射功率，并发送一条 SYNC_UL。

应该注意的是在每次发射（或重发）时，UE 都会重新随机选择 SYNC_UL 序列，在两个步骤中冲突最有可能发生在 UpPCH ，而 RACH 资源单元（RU）发生冲突的概率就大大降低，并且能够保证 RACH RU 可以在同样的 UL 时隙中与常规业务共同处理。

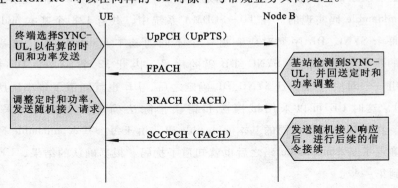

图 3－37　物理随机接入过程

4. 物理层测量

需要测量 FER、SIR、干扰功率等无线特性并报告给高层和网络。这些测量包括：

- 用于 UTRA 间切换的切换测量，特定的属性决定于小区的相对强度；
- 准备切换到 GSM900/GSM1800 的测量过程；
- 随机接入过程前对 UE 的测量过程；
- 动态信道分配（DCA）的测量过程。

练　习

一、填空题

1. 在 TD－SCDMA 系统中，扩频码用于_____，扰码用于_____。

2. 在 TD－SCDMA 系统中，DwPCH 可用于_____。

3. TD－SCDMA 使用的调制技术为_____。

4. TD－SCDMA 系统信道编码包括几种类型，分别是_____。

5. TD－SCDMA 单载波 AMR 语音最大容量为_____。

6. TD－SCDMA 的 N 频点是指_____，它的优点是_____。

7. 信道编码的目的是_____。交织的目的是_____。

8. TD－SCDMA 系统可以支持_____种不同的上下行时隙配比。

二、单项选择题

1. 在 TD－SCDMA 系统中，Midamble 码可用于（　　）。

A. 传输用户信息　　　　　　　　B. 承载控制字符

C. 信道估计　　　　　　　　　　D. 小区初搜

2. 在 TD－SCDMA 系统的子帧中，TPC 可用于（　　）。

A. 进行外环功率控制　　　　　　B. 用于上行同步

C. 用于传输 TFCI（传输格式指示）   D. 进行内环功率控制

3. 在 TD－SCDMA 系统中，下列哪些传输信道为上行信道（   ）。

A. BCH   B. PCH

C. FACH   D. RACH

4. 在 TD－SCDMA 系统中，扩频因子最大为（   ）。

A. 8   B. 16

C. 32   D. 256

三、简答题

1. TD－SCDMA 的多址方式包括哪些。

2. 请画出 TD－SCDMA 的时隙结构并进行说明？

3. TD－SCDMA 系统中有几种信道模式？各分成几大类？

4. 请画出传输信道和物理信道的映射关系图，并说明每个物理信道的主要作用。

5. TD－SCDMA 系统在信道编码中采用的编码方式有哪些？编码率又有哪些？

6. TD－SCDMA 系统扩频采用的是哪种编码？上下行信道的扩频因子是多少？

第 4 章

→ **TD-SCDMA 关键技术**

在 TD-SCDMA 系统中，用到了以下几种主要关键技术：

（1）时分双工方式（Time Division Duplexing）；

（2）联合检测（Joint Detection）；

（3）智能天线（Smart Antenna）；

（4）上行同步（Uplink Synchronous）；

（5）软件无线电（Soft Radio）；

（6）动态信道分配（Dynamic Channel Allocation）；

（7）功率控制（Power Control）；

（8）接力切换（Baton Handover）；

（9）高速下行分组接入技术（High Speed Downlink Packet Access）。

4.1 时分双工技术

时分双工（TDD）是一种通信系统的双工方式，在移动通信系统中用于分离接收与传送信道（或上下行链路）。TDD 模式的移动通信系统中接收和传送是在同一频率信道即载波的不同时隙，用保证时间来分离接收与传送信道；而 FDD 模式的移动通信系统的接收和传送是在分离的两个对称频率信道上，用保证频段来分离接收与传送信道。

采用不同双工模式的移动通信系统的特点与通信效益是不同的。TDD 模式的移动通信系统中上下行信道用同样的频率，因而具有上下行信道的互惠性，这给 TDD 模式的移动通信系统带来许多优势：

（1）在上下行业务不对称时可以给上下行灵活分配不同数量的时隙，频谱效率高；

（2）上行和下行使用相同频率载频，便于引入智能天线、联合检测等新技术。

但是 TDD 模式也有其缺点：

（1）实现比较复杂，需要 GPS 同步；

（2）和 CDMA 技术一起使用时，上下行之间的干扰控制难度较大。

4.2　联合检测技术

4.2.1　CDMA 系统中的干扰

1. 小区内干扰

1）多址干扰（Multiple Access Interference，MAI）

由于不同用户共享同一频段而产生的多址接入干扰。当用户数目很少时，MAI 一般可以忽略；但是随着用户数目的增加，MAI 会越来越大。

2）码间干扰（Inter – Symbol Interference，ISI）

由于信道特性的不理想而引起的符号间干扰。可以采用 Viterbi 算法等方式来抗符号间干扰，但是对于 CDMA 系统来说，由于多址干扰与非常短的符号间隔结合在一起，造成若采用 Viterbi 算法需要非常多的状态数，这是无法实现的。

两种干扰的效果如图 4 – 1 所示。

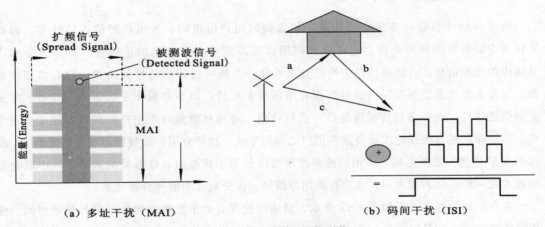

　　　（a）多址干扰（MAI）　　　　　　　　　（b）码间干扰（ISI）

图 4 – 1　多址干扰和码间干扰

解决方法：

（1）采用频率/空间/时间分集技术；

（2）采用多用户检测 MUD（Multi – User Detection ）技术；

（3）采用智能天线。

2. 小区间干扰

同频小区之间信号造成的干扰。

解决方法：

（1）通过合理的小区配置来减小其影响；

（2）TD – SCDMA 智能天线可以减少小区间干扰。

3. 干扰带来的问题

1）系统的容量受到限制

（1）单用户性能受到 ISI 的限制；

（2）多用户性能受到 MAI 的限制。

2）远近效应问题

各用户到基站的距离或者衰落深度不同，强信号将抑制弱信号，使得相对较弱的用户信号得不到正常的检测。

4. 干扰的解决办法

即使在最差的情况下，小区间干扰功率也不超过小区内部干扰功率的 60%，因此系统容量主要取决于小区内 ISI 和 MAI 的处理。CDMA 系统中缓解 MAI 的重要手段是采用严格的功率控制技术，但该技术只是在一定程度上控制远近效应而不能从根本上消除多址干扰的影响，因而对系统容量的提高是有限的。

4.2.2 联合检测的基本原理

由于 MAI 中包含许多先验的信息，如确知的用户信道码、各用户的信道估计等，因此 MAI 不应该被当作噪声处理，它可以被利用以提高信号分离方法的正确性。这样充分利用 MAI 中的先验信息，将所有用户信号的分离看作一个统一过程的信号分离方法称为多用户检测，其基本思想是把所有用户信号当作有用信号来对待，而不是看作干扰信号。其基本方法是对信道特性（包括多址传播特性等）进行估值，并通过测量各个用户扩频码之间的非正交性，用矩阵求逆方法或迭代法消除多用户之间的干扰，将所有用户的数据正确地恢复出来。根据对 MAI 处理方法的不同，多用户检测技术可以分为干扰抵消和联合检测两种。其中联合检测技术是一种充分利用 MAI，将所有的用户信号一次分离开的信号分离技术。

联合检测的基本思想如图 4-2 所示，是通过挖掘有关干扰用户信息（信号到达时间、使用的扩频序列、信号幅度等）来消除多址干扰，进而提高信号检测的稳定性。联合检测不再像传统的检测器那样忽略系统中其他用户的存在，而是综合考虑同时占用某个信道的所有用户或某些用户，消除或减弱其他用户对任一用户的影响，并同时检测出所有用户或某些用户信息的一种方法。

理论分析表明，如果联合检测能完全消除本小区用户的多址干扰，系统容量可以提高 2.8 倍。利用时域均衡技术，最大限度地利用每个用户的有用信息，从而最大限度地消除 MAI，且无须严格地功率控制措施。联合检测算法一般分为两类：线性算法、判决反馈算法。判决反馈算法是在线性算法基础上经过一定的扩展得到，计算复杂度较大，因此在实际应用中，通常使用计算量较小、形式较为简单的线性算法，主要有迫零线性均衡算法（ZF-BLE）和最小均方误差均衡算法（MMSE-BLE）。ZF-BLE 算法完全消除了 ISI 和 MAI，但增强了噪声功率；MMSE-BLE 算法在消除干扰和增大噪声之间取折中，性能优于 ZF-BLE，其代价是需要估计干扰功率。

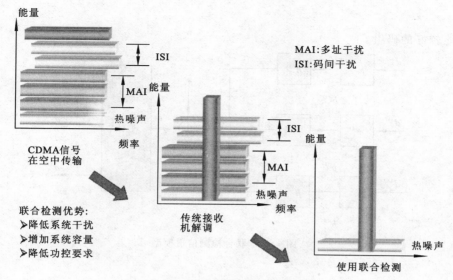

图 4 - 2　联合检测基本思想

4.2.3　联合检测的技术实现

联合检测实现的示意图如图 4 - 3 所示。

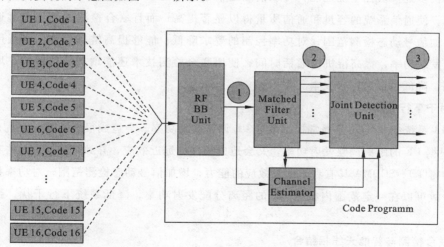

图 4 - 3　联合检测实现示意图

图 4 - 4 所示为联合检测信道模型，其中：d 表示经过扩频后的数据；c 表示扩频码；h 代表信道冲激响应；n 为高斯白噪声；K 表示用户数。

联合检测的目的就是计算式：$e = Ad + n$，其中，e 代表基站接收到的数据，A 由 K 个用户的扩频码以及信道冲激响应决定，d 表示用户实际要传输的数据，n 表示高斯白噪声。因此，联合检测算法的前提是能得到所有用户的扩谱码和信道冲激响应。在进行信道估计时，忽略了白噪声对估计值的影响，因此要求在选取 Midamble 码时必须选择抗白噪声性能较好的码组。

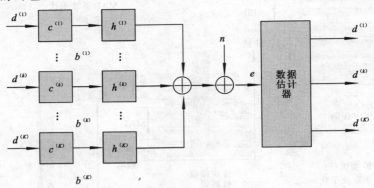

图 4 - 4　联合检测信道模型

4.2.4　联合检测的优点及发展

1. 对于上行链路

上行链路是 CDMA 系统的瓶颈，而联合检测能大幅度提高上行链路的性能；联合检测具有优良的抗多址及多径干扰性能，可以消除通信系统中的大部分干扰，从而降低了整个系统的误码率，使通信系统的容量和通信质量得以显著提高；而且联合检测具有克服远近效应的能力，增加信号动态检测范围，对功率控制的要求降低；能够提高链路性能，降低用户设备（UE）的发射功率，提高待机及通话时间；使用联合检测技术还能增加通信距离，增大基站覆盖范围，降低了基站综合成本。

2. 对于下行链路

CDMA 系统中，Node B 通常根据最远 UE 调整发射功率，会造成很强的下行干扰；但如果 Node B 根据 UE 的距离调整发射功率，又会造成很强的远近效应，导致部分 UE 无法工作；联合检测使得 TD - SCDMA 具有克服远近效应的能力，增加信号动态检测范围，对功率控制的要求降低，故可以在一定范围内根据 UE 的距离分配发射功率，降低系统下行干扰，提高系统容量。

3. 联合检测与智能天线相结合

从理论上讲，联合检测技术可以完全消除多址干扰的影响。但在实际应用中，联合检测技术将会遇到以下问题：

（1）信道估计的不准确将影响到检测结果的准确性；

（2）随着处理信道数的增加，算法的复杂度并以非线性增加；

（3）对小区间的干扰没有得到很好的解决。

在 TD - SCDMA 系统中并不是单独使用联合检测技术，而是采用了联合检测和智能天线技术相结合的方法，以充分发挥这两种技术的综合优势。

4.3 智能天线技术

4.3.1 智能天线的基本概念

由于移动通信传输环境恶劣，多径衰落、时延扩展会造成的符号间干扰，FDMA 和 TDMA 系统（如 GSM）由于频率复用引起的共信道干扰，CDMA 系统中的多址干扰等都会使链路性能变差、系统容量下降。而我们所熟知的均衡、码匹配滤波、RAKE 接收机、信道译码技术等都是为了对抗或者减少这些干扰的影响。这些技术实际利用的都是时域、频域信息，但实际上有用的信号，其时延样本和干扰信号不仅在时域、频域存在差异，而且在空域波达方向（Direction Of Arrival，DOA）也存在差异。分级天线，特别是扇区天线可看作是对这部分区域资源的初步利用，而要更充分地利用它的只有智能天线（Smart Antenna，SA）。

智能天线原名为自适应天线阵列（Adaptive Antenna Array，AAA），最初应用于雷达、声呐等军事通信领域，主要用来完成空间滤波和定位，例如相控阵雷达就是其中一种采用较简单自适应天线阵列的军事产品。所谓阵列天线，就是取向相同、同极化、低增益的天线按一定方式排列和激励，利用波的干涉原理可以产生强方向性的方向图，形成所希望的波束，这种多单元的结构称为天线阵列。组成这种阵列的天线称为阵元，天线阵列的阵元大多采用对称振子。天线阵列的排列方式有多种几何形状，一般是等距的，主要有等距直线排列，称为均匀线阵；等距圆周排列，称为均匀圆阵；等距平面排列，称为均匀平面阵列。阵列天线的方向图可以易固定的、准动态的和自适应的，这样分为固定多波束天线阵列、准动态多波束天线阵列和自适应天线阵列。阵列天线的最大特点是所有阵元协同工作等效于单一的天线但比单一天线效果更好、应用更灵活，因此阵列天线在移动通信环境下被称做智能天线，又由于其波束可编程的特点而被称做软件天线。

TD–SCDMA 系统的智能天线的原理是使一组天线和对应的收发信机按照一定的方式排列，通过改变各天线单元的激励的权重（相位和幅度），利用波的干涉原理可以产生强方向性的辐射方向图，使用 DSP 技术使主波束指向期望用户并且波束自适应地跟踪移动台方向，这样在干扰用户的方向形成零陷。系统通过上述方法可达到提高信号的载干比，达到降低发射功率等目的。

4.3.2 智能天线的基本原理

智能天线的一般结构如图 4–5 所示。主要包括四个部分：天线阵元、模数转换、自适应处理器、波束形成网络，自适应处理器根据自适应空间滤波、波束成型算法和估计的来波方向产生权值波束成型网络进行动态自适应加权处理以产生希望的自适应波束。因此，智能天线技术核心问题是：空域滤波/波束成型和波达方向（DOA）估计。

从接收的角度看，基站利用智能天线对来自移动台的多径电波方向进行波达方向估计，并进行空间滤波（也称为上行波束成型），抑制其他移动台和多径干扰。从发送的角度看，基站利用智能天线对发射信号进行下行波束成型，使基站发射信号能够沿着移动台电波的来波方向发送回移动台，从而降低发射功率，减少对其他移动台的干扰。

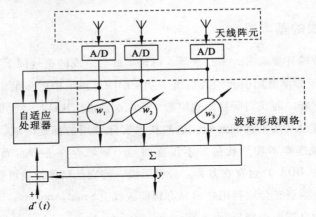

图 4-5　智能天线的结构图

4.3.3　智能天线的技术实现

1. 天线阵列

为了实现某种特定的辐射，由若干辐射天线单元按一定方式排列组成的天线系统称为天线阵列。图 4-6 所示为天线阵列的一般结构。

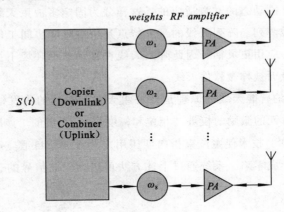

图 4-6　天线阵列图

影响天线阵列辐射特性的元素可以分为下面几个方面：

（1）单元个数及其空间分布；

（2）单元辐射特性；

（3）各单元的激励。

这三方面任何一个改变，整个阵列的辐射特性就改变了。显然决定天线辐身特性的不是天线阵本身，而是智能天线算法。但天线阵列在智能天线技术中也具有很重要的作

用，在 TD－SCDMA 系统中智能天线可以使用圆阵天线或线阵天线，圆阵天线阵由 8 个
完全相同的天线阵元均匀地分布在一个半径为 R 的圆上所组成，如图 4－7 所示。智能
天线的功能是由天线阵列及与其相连接的基带数字信号处理部分共同完成的。天线的
方向图由基带处理器控制，可同时产生多个波束，按照通信用户的分布，在 360°（圆
阵）或 120°（线阵）的范围内任意赋形。

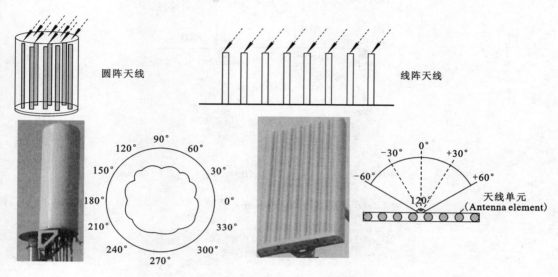

图 4－7　圆阵天线和线阵天线示意图

2. 智能天线算法

以两个阵元为例示意智能天线检测接收信道的原理，如图 4－8 所示，两根天线的阵元
距离/2（若阵元间距过大会使接收信号彼此相关程度降低，太小则会在方向图形成不必要
的栅瓣，故一般取半波长），收到的信号分别标于图上，经过合并最终得到的信号含有 r_1
（DOA 到达方向角 ＝90°）和 r_2（DOA ＝0°）的信号，为消除 r_1 和 r_2 的相互干扰影响，需要
选择合适的加权系数 ω_1 和 ω_2 将彼此的影响去掉。如本例中希望提取 r_1 时，加权系数应为
$\omega_1 = \omega_2 = 1$，则可得到纯净的 r_1 信号；如果希望提取 r_2 时，加权系数应为 $-\omega_1 = \omega_2 = 1$，则
可得到纯净的 r_2 信号。

智能天线采用了空分多址技术，充分利用了信号空间上距离相位的差别，从而使得不同
阵元上接收的信号相位不同，这样对于上行，针对不同的阵元赋予不同权值，最后将所有阵
元的信号进行同向合并并进行输出，将同频率、同时隙、同码道的信号区分开。

3. 智能天线与联合检测技术的结合

通过图 4－9 所示的智能天线系统的技术实现可以看出，智能天线的下行波束赋形是
和上行信道估计密切相关的，智能天线是根据上行信道估计的结果来计算下行赋形参
数的。

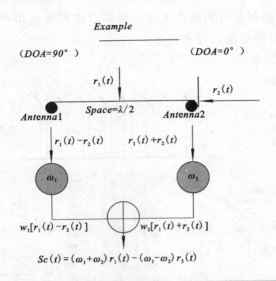

图 4-8 智能天线算法基本思想

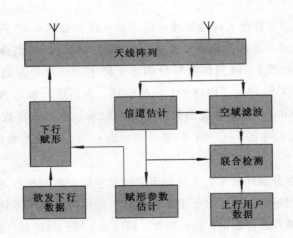

图 4-9 智能天线系统的技术实现

同时可以看出，智能天线和联合检测是一个统一的整体，密不可分，在系统实际实现时，经常把这两个系统连在一起称为 SJ（Smart Antenna + Joint Detection）。图 4-10 反映了系统在实际实现两个系统联合时的信道模型。

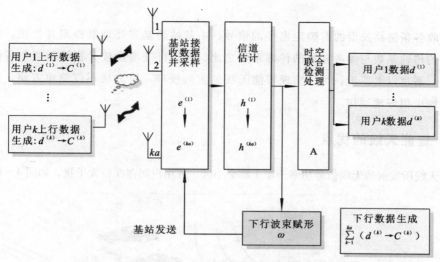

图 4 - 10 智能天线技术和联合检测技术的系统实现

d—用户实际要传输的数据；C—经过扩频后的数据；e—基站接收到的数据；

ka—天线编号；h—信道冲激响应；A—A 矩阵；ω—赋形参数；k—用户数

4.3.4 智能天线的校准

在使用智能天线时，必须具有对智能天线进行实时自动校准的技术。在前面介绍智能天线原理中，已经分析了在 TDD 系统中使用智能天线时是根据电磁场理论中的互易原理，是直接利用上行波束成型系数来进行下行波束成型。但对实际的无线基站，每一条通路的无线收发信机不可能是全部相同的，而且，其性能将随时间、工作电平和环境条件（比如温度）等因素变化。如果不进行实时自动校准，则下行波束成型将受到严重影响。不仅得不到智能天线的优势，甚至完全不能通信。因此，天线的校准是智能天线应用中的一项核心技术。

智能天线校准主要包括射频部分和基带处理部分，通过天线校准：

● 保证下行发射时，天线各单元的一致性（满足下行波束赋形的需要）。

● 保证上行接收时，天线各单元的一致性（满足上行接收的需要）。

TD - SCDMA 系统采用的智能天线校准方法是由耦合结构、馈电电缆和信标收发信机连接成的校准链路。耦合结构是采用空间耦合方式的信标天线，并与智能天线阵列的天线单元成耦合连接；信标收发信机与基站的射频收发信机结构相同，并通过数字总线连接到基站的基带处理器。校准的过程分为三步：

（1）耦合结构校准：由矢量网络分析仪对耦合结构进行校准，分别记录每个天线的接收和发射传输系数。

（2）接收校准：由信标发信机在给定的工作载波频率发射有确定电平的信号，被校准的天线单元接收该信号，由基站的基带处理器分别检测各链路的输出，并根据此计算各链路的传输系数与参考链路的传输系数之比，通过可变增益放大器控制调节各链路的相位和幅度。

（3）发射校准：让其中一个被校准的天线单元发射，由信标发信机在给定的工作载波频率分别接收各条链路发射的有确定电平的信号，由基站的基带处理器检测并处理，并据此计算各链路的传输系数与参考链路的传输系数之比，通过可变增益放大器控制调节各链路的相位和幅度。通过以上三步，可以实现智能天线的实时校准。该方法不仅简单方便，而且可以在实际系统中很好地运作。

4.3.5 智能天线的优点

全向天线所发射的无线信号功率分布于整个小区，各用户间存在较大干扰，如图 4-11 所示。

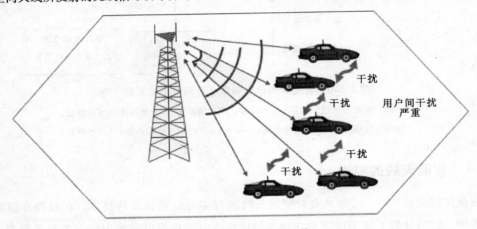

图 4-11 全向天线的干扰

这是由于：

（1）全向天线能量分布于整个小区内；

（2）所有小区内的移动终端均相互干扰，此干扰是 CDMA 容量限制的主要原因。

智能天线的发射功率指向特定的激活用户，并随着用户的移动而动态地调整发射方向，用户间干扰能得到有效抑制，如图 4-12 所示。

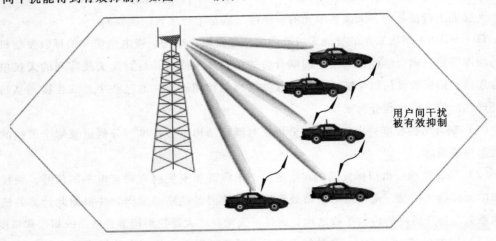

图 4-12 智能天线抑制干扰

智能天线能有效抑制干扰，这是由于：

（1）能量仅指向小区内处于激活状态的移动终端；

（2）正在通信的移动终端在整个小区内处于受跟踪状态。

通过图4－13看到智能天线在小区内可以有效抑制用户间的干扰，那么在小区间，干扰是否依然存在？大家可以通过图4－13看出，智能天线对于抑制小区间的干扰也同样有效。

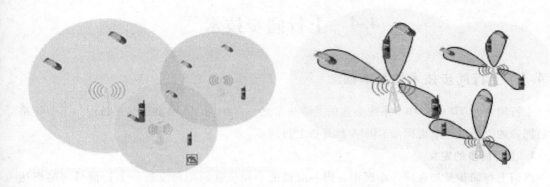

在没有智能天线的情况下，
小区间用户的干扰严重

在使用智能天线的情况下，
小区间用户的干扰得到极大改善

图4－13　小区间的干扰得到有效抑制

智能天线的优点总结如下：

（1）智能天线波束成型的结果等效于增大天线的增益，提高接收灵敏度。

（2）智能天线波束成型算法可以将多径传播综合考虑，克服了多径传播引起数字无线通信系统性能恶化，还可以利用多径的能量来改善性能。

（3）智能天线波束成型后，只有来自主瓣和较大副瓣方向的信号才会对有用信号形成干扰，大大降低了多用户干扰问题，同时波束成型后也大大减轻了小区间干扰。

（4）智能天线获取的DOA提供了用户终端的方位信息，以用来实现用户定位。

（5）智能天线系统虽然使用了多部发射机，但可以用多只小功率放大器来代替大功率放大器，这样可降低基站的成本，同时多部发射机增加了设备的冗余，提高了设备的可靠性。

（6）采用智能天线可以使发射需要的输入端信号功率降低，同时也意味着能承受更大的功率衰减量，使得覆盖距离和范围增加。

（7）智能天线具备定位和跟踪用户终端的能力，从而可以自适应地调整系统参数以满足业务要求。这表明使用智能天线可以改变小区边界，能随着业务需求的变化为每个小区分配一定数量的信道，即实现信道的动态分配。

（8）智能天线获得的移动用户的位置信息，可以实现接力切换，避免了软切换中所占用的大量无线资源及频繁的切换，提高了系统容量和效率。

另外，在 TD - SCDMA 系统中，智能天线结合联合检测和上行同步技术，理论上系统能工作在满信道情况。总的来说，智能天线对 TD - SCDMA 系统性能改进表现在：系统容量增加；覆盖范围增加；降低误码率。在具体应用中，同时提高容量、增加覆盖范围和降低误码率将是矛盾的。在一项新业务推出时，应用智能天线可用于增加覆盖范围，而在一项业务成熟时可应用阵列天线增加容量，从这一点看，智能天线有很好的适应性或伸缩性。

4.4　上行同步技术

4.4.1　上行同步技术的基本概念

上行同步是 TD - SCDMA 系统必选的关键技术之一，在 CDMA 移动通信系统中，下行链路总是同步的，所以一般说同步 CDMA 都是指上行同步。

1. 上行同步的定义

所谓上行同步是指在同一小区中，同一时隙的不同位置的用户发送的上行信号同时到达基站接收天线，即同一时隙不同用户的信号到达基站接收天线时保持同步，如图 4 - 14 所示。

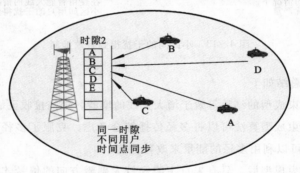

图 4 - 14　上行同步的基本概念

2. 上行同步的意义

（1）保证 CDMA 码道正交；

（2）降低码道间干扰；

（3）消除时隙间干扰；

（4）提高 CDMA 容量；

（5）简化硬件、降低成本。

3. 上行同步分类

（1）开环同步：用于上行同步建立（UE 初始接入/Handover /位置更新……）；

（2）闭环同步：用于上行同步保持（通话过程中）。

4.4.2　上行同步建立过程

上行同步建立过程如图 4 - 15 所示。

其步骤如下：

- 在上行同步建立之前，UE 必须利用 DwPTS 上的 SYNC_DL 信号建立与当前小区的下行同步。

- 在上行同步建立过程中，UE 首先在特殊时隙 UpPTS 上开环发送 UpPCH 信号。

- UE 根据路径损耗估计 UE 与 Node B 之间传输时间来确定上行初始发送定时，或者以固定的发送提前量来确定初始发送定时 Node B 在 UpPTS 上测量 UE 发送的 UpPCH 的定时偏差，然后转入闭环同步控制，Node B 将 UpPCH 的定时偏差在下行信道 FPACH 上通知 UE。正常情况下，Node B 将在收到 SYNC_UL 后的 4 个子帧内对 UE 作出应答，如果 UE 在 4 个子帧之内没有收到来自 Node B 的应答。UE 将根据目前的测量调整发射时间和发射功率，在一个随机时延后，再次发送 SYNC_UL。每次重新传输，UE 都是随机选择新的 SYNC_UL。

- UE 调整定时偏差通过 PRACH 或上行 DPCH 发送，建立上行同步。

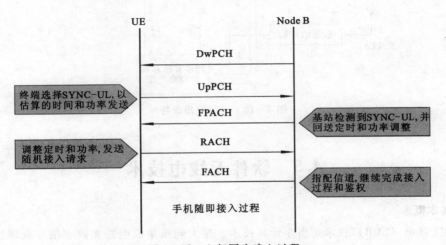

图 4-15　上行同步建立过程

4.4.3　上行同步保持

因为 UE 是移动的，它到 NodeB 的距离总是不断变化，所以在整个通信过程中，NodeB 必须不间断地检测其上行帧中的 Midamble 码的到达时刻，并对 UE 的发射时刻进行闭环控制，以保持可靠的同步，上行同步保持过程如图 4-16 所示。

（1）Node B 利用每个 UE 的 Midamble 测量路径时延的起始位置、终止位置和主径位置。

（2）Node B 依据测量结果来形成物理层命令 SS：

- 保证所有路径时延落在信道估计窗口内；
- 要求主径往期望的位置移动；
- SS 命令有 3 种情况：往前调整、往后调整和不调整。

（3）Node B 在下行链路将 SS 命令通知 UE。

（4）UE 根据 SS 命令调整下次发送定时，发送定时以固定步长进行调整，最小调整步长为 1/8 chip。

（5）调整步长和调整周期由高层设定。

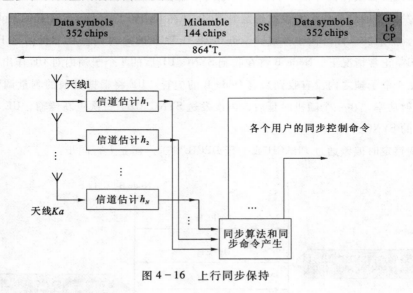

图 4-16　上行同步保持

4.5　软件无线电技术

1. 基本概念

软件无线电（SDR）技术是当今计算技术、超大规模集成电路和数字信号处理技术在无线电通信中应用的产物。由于 TD-SCDMA 系统的 TDD 模式和低码片速率的特点，使得数字信号处理量大大降低，适合采用软件无线电技术。它的基本原理就是将宽带 A/D 和 D/A 转换器尽可能地靠近天线处，从而以软件方式来代替硬件实施信号处理。采用软件无线电的优势在于：

（1）可以克服微电子技术的不足，通过软件方式，灵活完成硬件、专用 ASIC 的功能。在同一硬件平台上利用软件处理基带信号，通过加载不同的软件，实现不同的业务性能。

（2）系统增加功能通过软件升级来实现，具有良好的灵活性及可编程性，对环境的适应性好，不会老化。

（3）可代替昂贵的硬件电路，实现复杂的功能，减少用户设备费用支出。

DSP（数字信号处理器）技术是软件无线电的核心，软件无线电要完成接收信号经 A/D 转换后的数据调制、基带信号处理等任务，这其中包括了多用户检测、Tubro 译码等复杂的算法，这些任务无一不涉及巨大的运算量。以目前的硬件处理速度来看，紧靠 DSP 来完成上述运算是不可能的。因而在应用中，一般由 FPGA（可编程门阵列）来完成需要快速和较为固定的运算，由 DSP 来完成灵活多变的和运算量较大的任务。因此，基于同样的硬件环境，采用不同的软件就可以实现不同的功能。这除了有助于系统升级外，更有助于系统的多模运行。近年来随着高速 DSP 和 FPGA 技术方面取得的迅速发展，使软件无线电在高频通信的实际应用中成为可能。

2. 软件无线电实现模型

软件无线电的实现模型如图 4-17 所示。

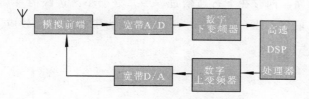

图 4-17   软件无线电实现模型

3. 软件无线电实现的难点

高速数字信号采样技术，根据"奈奎斯特第一定律"，要想无失真地传递某一频率的信号，需要以不低于该信号最高频率 2 倍的采样速率进行采样。例如：对于工作在 2 GHz 的系统，采样频率要达到 4 GHz。目前的器件无法达到此要求，目前能够实现中频采样（100 MHz 左右），射频前端采用模拟技术实现。随着技术的发展，采样点逐渐向射频前端推进，最终达到射频部分完全数字化的目标。

4. 软件无线电的优点

（1）多种通信制式的设备共享硬件平台，节省机房，降低投资；

（2）技术演进时只需要进行软件升级，新技术、新制式网络建设速度大大加快。

4.6   功率控制技术

CDMA 系统是一个干扰受限系统，必要的功率控制可以有效地限制系统内部的干扰电平，从而可降低小区内和小区间的干扰及 UE 的功耗。另外，功率控制还可以克服远近效应，从而减少 UE 的功耗。功率控制（Power Control）是通过一定的机制和算法控制发射机的发射功率，使发射机以合适的功率大小发射信号。

4.6.1   功率控制的目的

在 CDMA 系统中各个用户的区分是靠相互正交的伪随机码，即多个用户在同一时隙同一频率上进行通信，彼此之间引起的多址干扰（MAI）是制约系统容量的因素，所以可以说 CDMA 是一个干扰受限的自干扰系统。如果采用合适的功率控制方案，就能有效地控制和降低用户多址干扰，增大系统容量，提高系统性能；能够保证上下行链路的质量；能够对抗阴影衰落和多径衰落；克服远近效应；还能为 UE 省电，减少 UE 和基站的发射功率。

在移动上行通信过程中，如果小区中的所有用户均以相同的功率发射，则靠近基站的移动台到达基站的信号强，远离基站的移动台到达基站的信号弱，导致强信号掩盖弱信号的"远近效应"，如图 4-18 所示。CDMA 系统是在一个小区中多个用户同一时刻共同使用同一频率，所以"远近效应"更加突出。为了克服 CDMA 系统的"远近效应"，需要对移动台进行功率控制策略。同时在下行通信过程中，处于小区边缘的移动台受到其他相邻小区的干扰，导致接收信号恶化，这就是"角效应"。为了克服"角效应"，也需要对基站实行功率控制。

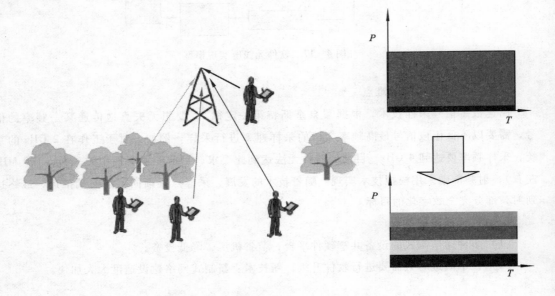

图 4-18　CDMA 系统中的远近效应

4.6.2　功率控制的类型

功率控制的类型如图 4-19 所示，主要包括以下类型。

1. 上行功率控制与下行功率控制

1）上行链路功率控制（反向功率控制）

上行功率控制可用来控制移动台的发射功率，保证基站收到的各个移动台发射信号功率或者信噪比 SIR 基本相等，这样既能够有效克服"远近效应"，又使移动台在满足自己业务质量要求的情况下，尽可能降低发射功率，从而延长移动台的电池寿命。

2）下行链路功率控制（前向功率控制）

上行功率控制可用来控制基站发射功率，使所有移动台接收到的基站发射信号功率或者信噪比 SIR 基本相等，从而克服"角效应"，并且可以使基站的平均发射功率减小，有效地降低了小区间干扰。

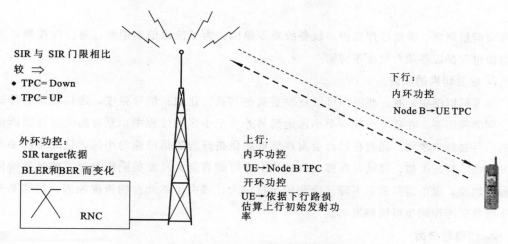

SIR 与 SIR 门限相比
较 ⟹
• TPC= Down
• TPC= UP

下行：
内环功控
Node B→UE TPC

外环功控：
SIR target依据
BLER和BER 而变化

上行：
内环功控
UE→Node B TPC
开环功控
UE→ 依据下行路损
估算上行初始发射功
率

RNC

图 4 – 19　开环、内环与外环功率控制

2. 开环功率控制闭环功率控制

1）开环功率控制

开环功控主要应用于随机接入过程中。在移动台准备发起呼叫时，它首先接收基站发射的广播信号，估计下行链路的衰落情况。然后把下行链路衰落近似等价为上行链路损耗进行补偿，再加上一定的安全裕度，便作为初始的发射功率。开环功控的精度不够，尤其在 FDD 模式下，上下行的信道工作在两个频段上。因此不能从下行信道的接收信号中很好地估计出上行信道应发射的功率。

2）闭环功率控制

（1）内环功率控制。内环功率控制又称快速功率控制，它根据实时测量的 SIR（Signal to Interference Ratio）与目标信噪比 SIR target 比较，产生功率控制命令 TPC（Transmitting Power Control），发射端根据接收的 TPC 进行功率调整。高于目标信噪比则产生功控命令降低发射功率，低于目标信噪比则产生功控命令调高发生功率。内环功控主要是克服多径或移动而引起的快衰落，要求其调整速度要跟得上快衰落。其调整间隔要小于信道的相关时间，在单次调整中可将信道特性看作不变。

（2）外环功率控制。外环功控的主要功能是适应无线信道的变化情况，由于业务的质量要求 QoS（Quality of Service）是根据误比特率 BER（Bit Error Rate）或误块率衡量，外环通过检测接收端的误块率 BLER（Block Error Rate）动态调整内环功控中的目标信噪比 SIR target。这样就把功率控制与用户的业务质量直接相关联。

外环功控主要是克服慢衰落，调整周期较慢。但要跟得上慢衰落，目标信噪比设置偏高则浪费系统资源，偏低则无法满足业务 QoS 要求。

4.7　接力切换技术

1. 切换的基本概念

在移动通信系统中，当呼叫中的移动台从一个小区转移到另一个小区，或由于无线传输、业务负荷量调整、激活操作维护、设备故障等原因，为了使通信不中断，通信网控制系统启动切换过程保证移动台的业务传输。

2. 触发切换的原因

在实际网络中，有一些原因可以触发手机的切换，比如：信号强度、通信质量、移动速度、网络原因等。在移动台从一个小区走到另外一个小区的过程中，原有的通信链路所能提供的信号会越来越弱，同时移动台会发现能够提供更好的通信链路的小区，这时系统必然会触发切换。与此类似，移动台在移动的过程中有可能遇到大尺度的阴影衰落，此时系统同样会触发切换；通信链路质量下降或受到的干扰较大，或由于移动台的速度原因，网络基于负荷干扰覆盖等原因也可能触发切换。

3. 切换的分类

基于不同的角度，切换有很多种分类方式，下面给出了一些常用的分类方式：

（1）硬切换、软切换、更软切换和接力切换；

（2）同频切换、异频切换；

（3）小区内切换、小区间切换；

（4）系统内切换、系统间切换。

1）硬切换

切换过程中任何时间都只有一个基站与移动台之间有业务信道通信。硬切换只能采用先断后通的方法，即先切断与原基站的通信信道，再接通与新基站的通信信道。

2）软切换

切换过程中可以同时有多个基站与移动台通信，软切换采用先通后断的方法，原基站和目的基站在一段时间内同时为移动台提供业务。

3）更软切换

更软切换为移动台在同一基站具有相同频率不同扇区间的切换。

4）接力切换

接力切换使用上行预同步技术，在切换过程中，UE 从源小区接收下行数据，向目标小区发送上行数据，即上下行通信链路先后转移到目标小区。

4. TD－SCDMA 系统中的接力切换

接力切换（Baton Handover）是 TD－SCDMA 移动通信系统的核心技术之一。其设计思想是利用智能天线和上行同步等技术，在对 UE 的距离和方位进行定位的基础上，根据 UE 方位和距离信息作为辅助信息来判断目前 UE 是否移动到了可进行切换的相邻基站的临近区域。如果 UE 进入切换区，则 RNC 通知该基站做好切换的准备，从而达到快速、可靠和高效切换的目的。这个过程就像是田径比赛中的接力赛跑传递接力棒一样，因而形象地称之为接力切换。接力切换通过与智能天线和上行同步等技术有机结合，巧妙地将软切换的高成功率和硬切换的高信道利用率综合起来，是一种具有较好系统性能优化的切换方法。

1）接力切换的必要条件

实现接力切换的必要条件是网络要准确获得 UE 的位置信息，包括 UE 的信号到达方向（DOA）、UE 与基站之间的距离。在 TD – SCDMA 系统中，由于采用了智能天线和上行同步技术，因此，系统可以较为容易获得 UE 的位置信息。具体过程是：

（1）利用智能天线和基带数字信号处理技术，可以使天线阵列根据每个 UE 的 DOA 为其进行自适应的波束赋形。对每个 UE 来讲，好像始终都有一个高增益的天线在自动地跟踪它。基站根据智能天线的计算结果就能够确定 UE 的 DOA，从而获得 UE 的方向信息。

（2）在 TD – SCDMA 系统中，有一个专门用于上行同步的时隙 UpPTS。利用上行同步技术，系统可以获得 UE 信号传输的时间偏移，进而可以计算得到 UE 与基站之间的距离。

（3）在（1）和（2）之后，系统就可准确获得 UE 的位置信息。

因此，上行同步、智能天线和数字信号处理等先进技术，是 TD – SCDMA 移动通信系统实现接力切换的关键技术基础。

2）接力切换的特点

接力切换是介于硬切换和软切换之间的一种新的切换方法。图 4 – 20 为接力切换示意图。

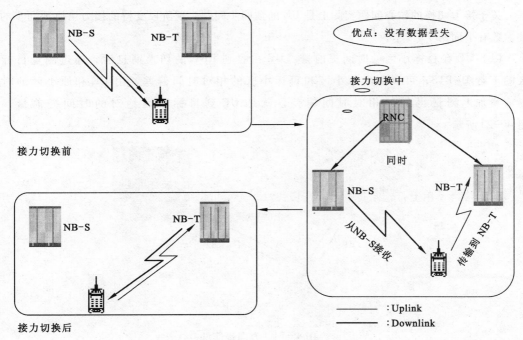

图 4 – 20　接力切换示意图

（1）与软切换相比，两者都具有较高的切换成功率、较低的掉话率以及较小的上行干扰等优点。它们的不同之处在于接力切换并不需要同时有多个基站为一个移动台提供服务，因而克服了软切换需要占用的信道资源较多、信令复杂导致系统负荷加重、以及增加下行链路干扰等缺点。

（2）与硬切换相比，两者都具有较高的资源利用率和较为简单的算法，以及系统相对较轻的信令负荷等优点。不同之处在于接力切换断开原基站和与目标基站建立通信链路几乎是同时进行的，因而克服了传统硬切换掉话率较高、切换成功率较低的缺点。

（3）接力切换的突出优点是切换高成功率和信道高利用率。从测量过程来看，传统的软切换和硬切换都是在不知道 UE 准确位置的情况下进行的，因此需要对所有邻小区进行测量，然后根据给定的切换算法和准则进行切换判断和目标小区的选择。而接力切换是在精确知道 UE 的位置下进行切换测量的。因此，一般情况下它没有必要对所有邻小区进行测量，而只需对与 UE 移动方向一致的靠近 UE 一侧少数几个小区进行测量。然后根据给定的切换算法和准则进行切换判断和目标小区的选择，就可以实现高质量的越区切换，UE 所需要的切换测量时间减少，测量工作量减少，切换时延也就相应减少，所以切换掉话率随之下降。另外，由于需要监测的相邻小区数目减少，因而也相应地减少了 UE、Node B 和 RNC 之间的信令交互，缩短了 UE 测量的时间，减轻了网络的负荷，进而使系统性能得到优化。

3）UE 预同步的基本概念

关于接力切换的核心问题实际上是 UE 的预同步问题。现阶段支持的接力切换预同步的关键参数有下面两个：

（1）UE 在目标小区的时间提前量。UE 在收到 RNC 的切换消息后，通过测量目标小区的下行 DwPTS，可以测出原小区和目标小区的相对时间偏差，用 UE 和原小区的时间提前量加上测量得到的相对时间偏差，就是 UE 到目标小区绝对的时间提前量，如图 4−21 所示。

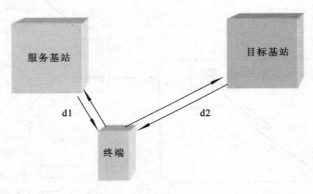

图 4−21　时间提前量

（2）UE 在目标小区的开环发射功率。RNC 在切换触发消息里面会将目标小区的 PCCPCH 的发射功率和目标小区专用信道的期望接收功率发送给 UE。UE 在测量目标小区的 PCCPCH 的发射功率后，可以计算出路径损耗，即 UE 在目标小区的发射功率为目标小区专用信道的期望接收功率加上路径损耗。

UE 首先将自己的上行专用信道切换到目标小区，并且如果此时上行信道中没有信息，需要发送上行特殊突发（Up Special Burst）给基站，Node B 在解调出 UE 的反向信号后，立刻开始下行波束赋形。这样做的好处是大大减少干扰，增加了 UE 的首次接入成功概率。UE 将上行信道切换到目标小区一段时间后，将下行专用信道也切换到目标小区，从而完成接力切换。因为 UE 同时还保持着和原小区的连接，所以可以确保 UE 在接力切换失败的情况下，能够成功切换回原小区，保证用户不掉话，这个特点是接力切换和硬切换相比较的一个重要优点。

4）接力切换过程描述

在 TD－SCDMA 系统中，接力切换主要分成以下三步：

（1）测量过程

在 UE 和基站通信过程中，UE 需要对本小区基站和相邻小区基站的导频信号强度、P－CCPCH 的接收信号码功率、SFN－SFN 观察时间差异等重要测试项进行测量。UE 的测量可以是周期性地进行，也可以由事件触发进行测量，还可以是由 RNC 指定所执行的测量。由于接力切换在与目标基站建立通信的同时要断开与原基站的连接，因此，接力切换的判决相对于软切换来说要求较严格。也就是说，在满足正常通信质量的情况下，要尽可能降低系统的切换率。因此，基于这一考虑，接力切换的测量与其他两种切换的测量应该有所不同，如测量的范围和对象较少，进行切换申请的目标小区的信号强度滞后较大等。首先，接力切换主要是根据当前小区能否满足移动台的通信要求。因此，对当前小区的内部测量和质量测量特别重要，而对邻小区的测量结果报告相对稍低一些。UE 测量报告的门限值设置基本上是以满足业务质量为基准，并有一定的滞后。当前服务小区的导频信号强度在一段时间 T1 内持续低于某一个门限值 T_ DROP 时，UE 向 RNC 发送由接收信号强度下降事件触发的测量报告，从而可启动系统的接力切换测量过程。因为 TD－SCDMA 采用 TDD 方式，上下行工作频率相同，其环境参数可互为估计，这是优于 FDD 的一大特点，在接力切换测量中可以得到充分利用。如果 Node B 的测量处于基准值，则可发送报告请求切换，这样可以防止 UE 的测量报告处理不当或延迟较大而造成掉话。接力切换测量开始后，当前服务小区不断地检测 UE 的位置信息，并将它发送到 RNC。RNC 可以根据这些测量信息分析判断 UE 可能进入哪些相邻小区，即确定哪些相邻小区最有可能成为 UE 切换的目标小区，并作为切换候选小区。在确定了候选小区后，RNC 通知 UE 对它们进行监测和测量，把测量结果报告给 RNC。RNC 根据确定的切换算法判断是否进行切换。如果判断应该进行切换，则 RNC 可根据 UE 对候选小区的测量结果确定切换的目标小区，然后系统向 UE 发送切换指令，开始实行切换过程。

（2）判断过程

接力切换的判断过程是根据各种测量信息和综合系统信息，依据一定的准则和算法，来判断 UE 是否应当切换和如何进行切换的。UE 或 Node B 测量报告触发一个测量报告到 RNC，切换模块对测量结果进行处理。首先处理当前小区的测量结果，如果其服务质量足够好，则判断不对其他监测小区的测量报告进行处理。如果服务质量介于业务需求门限和质量好门限之间，则激活切换算法对所有的测量报告进行整体评估。如果评估结果表明，监测小区中存在比当前服务小区信号更好的小区，则判断进行切换；如果当前小区的服务质量已低于业务需求门限，则立即对监测小区进行评估，选择最强的小区进行切换。一旦判断切换，则 RNC 立即执行接纳控制算法，判断目标基站是否可以接受该切换申请。如果允许接入，则 RNC 通知目标小区对 UE 进行扫描，确定信号最强的方向，做好建立信道的准备并反馈给 RNC。RNC 还要通过原基站通知 UE 无线资源重配置的信息，并通知 UE 向目标基站发 SYNC_UL，取得上行同步的相关信息。之后，RNC 发信令给原基站拆除信道，同时与目标小区建立通信。

（3）执行过程

接力切换的执行过程，就是当系统收到 UE 发出的切换申请，并且通过算法模块的分析判断已经同意 UE 可以进行切换时（满足切换条件），执行将通信链路由当前服务小区切换到目标小区的过程。由于当前服务小区已经检测到了 UE 的位置信息，因此，当前服务小区可以将 UE 的位置信息及其他相关信息传送到 RNC。RNC 再将这些信息传送给目标小区，目标小区根据得到的信息对 UE 进行精确的定位和波束赋形。UE 在与当前服务小区保持业务信道连接的同时，网络通过当前服务小区的广播信道或前向接入信道通知 UE 目标小区的相关系统信息（同步信息、目标小区使用的扰码、传输时间和帧偏移等），这样就可以使 UE 在接入目标小区时，能够缩短上行同步的过程（这也意味着切换所需要的执行时间较短）。当 UE 的切换准备就绪时，由 RNC 通过当前服务小区向 UE 发送切换命令。UE 在收到切换命令之后开始执行切换过程，即释放与原小区的链路连接。UE 根据已得到的目标小区的相应信息，接入目标小区，同时网络侧则释放原有链路。

5. TD - SCDMA 系统间切换

TD - SCDMA 系统间的切换是为了向用户提供无缝的通信服务。也是为了使 TD - SCDMA 的网络能够和已经建成的网络系统实现良好的兼容，从而最大程度地保护运营商的投资利益。TD - SCDMA 系统间的切换过程均是硬切换过程。用户终端能否在各个不同的系统之间进行切换，主要取决于用户终端的测量能力以及系统网络是否支持这种类型的系统间切换。终端需要在不同的系统之间进行切换，必须具备测量目标系统相应网络情况的能力。一般这样的用户终端均要求具有系统间测量的能力，而且能够读取目标系统的广播信息。在目前的情况下，这样的用户终端应该是双模或者多模的用户终端。当这种用户终端在当前系统指示下需要进行系统间切换时，利用空闲时隙进行相应的系统间测量并读取相应的广播信息。空闲时隙的安排应该考虑留有足够的时间以进行必要的测量，并且尽可能地降低系统间相互的干扰。对于网络而言，系统需要知道相邻系统的频率、编号等基本信息。并且系统之间需要有互通的接口以及相对统一的信令结构。这样，当用户处于系统边缘或者负荷状况变化时，可以触发系统间切换。为了保证第三代移动通信系统与第二代移动通信系统的平稳过渡，目前 3G 标准中 TD - SCDMA 系统已经具备向 GSM 系统切换的能力。

4.8 动态信道分配技术

TD－SCDMA 系统综合了时分和码分复用技术。载波资源被分成多个时隙，上下行链路分别在不同的时隙内进行通信，实现时分双工。而每个时隙内的资源通过码分的方式供多个用户复用。

动态信道分配（Dynamic Channel Allocation，DCA）算法对实现系统最佳的频谱效率具有关键的作用。DCA 算法是 TD－SCDMA 系统实现灵活分配无线资源、高效地管理和使用无线资源、在对称和非对称的 3G 业务环境中获得最佳的频谱效率的保证，其中频域、时域和空域动态信道分配如图 4－22 所示。

（1）时域 DCA：在当前使用的无线载波的原有时隙中干扰严重时，实现自动改变时隙而达到时域 DCA 功能，业务分配到干扰最小的时隙。

（2）频域 DCA：在当前使用的无线载波的所有时隙中干扰严重时，自动改变无线载波而达到频域 DCA 功能，业务动态分配到干扰最小的频率上。

（3）空域 DCA：通过选择用户间最有利的方向去耦合，而达到空域 DCA 功能。空域 DCA 需要通过智能天线的定向性来实现，它的产生与时域和频域 DCA 有关。

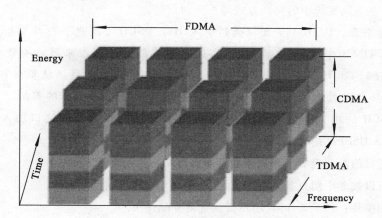

图 4－22　频域、时域和空域动态信道分配

根据 TD－SCDMA 系统干扰的特点，DCA 算法的一个重要目的就是降低系统的干扰与干扰对通信质量与系统容量的影响。DCA 算法从时隙、频率与空间三个方面实现。对于单载频系统频域 DCA 由于频率的确定是网络规划时就已经确定了的，所以不做考虑；对于多载频系统将提供频域 DCA。而空域 DCA 的实现，依赖于智能天线技术，尤其是信号的到达角度（Angle of Arrival，AOA）测量的可靠性与准确性，以及系统的复杂程度，这方面还正在研究，并且目前的时域 DCA 算法，通过下行时隙的发射功率和上行时隙的干扰水平从一定程度上已经避免了相同位置的 UE 分配到相同时隙。根据 3GPP 标准，可将 DCA 划分为慢速 DCA 和快速 DCA。

（1）慢速 DCA：小区载频优先级动态调整，载频上下行时隙分配与调整，各时隙优先级的动态调整。

（2）快速 DCA：针对每个 UE 的信道资源的分配，主要是载频、时隙、信道码资源与 Midamble 码资源的分配管理。

4.9 高速下行分组接入技术

高速下行分组接入技术简称为 HSDPA 技术，在 R99 的工作完成后，3GPP 的改进工作被提上日程，TD-SCDMA 在 R4 中被引入，目的是为增强分组域提供一种高效解决方案标准。TD-SCDMA 采用 TDD 的双工方式，可以动态调整上下行时隙，较好地支持非对称业务。但是，由于无线数据业务的急剧增加，上下行业务量的非对称性会更加凸显出来。另外，系统本身必须更具有适合传输数据业务一些特性，如高数据量、高突发性、高可靠性等。对此，在第三代移动通信技术的发展过程中，3GPP Release 5 版本规范中引入了一个重要的增强技术——HSDPA（High Speed Downlink Packet Access）。

HSDPA 是一些无线增强技术的集合，利用 HSDPA 技术可以在现有技术的基础上使下行数据峰值速率有很大的提高。HSDPA 技术同时适用于 WCDMA FDD、UTRA TDD 和 TD-SCDMA 三种不同模式。在不同系统中的实现方式是十分相似的。

从技术角度来看，HSDPA 主要是通过引入 HS-DSCH（高速下行共享信道）增强空中接口，并在 UTRAN 中增加相应的功能实体来完成的。从底层来看，主要是引入 AMC（自适应调制编码）和 HARQ（混合 ARQ）技术增加数据吞吐量。从整体构架上来看，主要是增强 Node B 的处理功能，在 Node B 中 MAC 层中引入一个新的 MAC-hs 实体，专门完成 HS-DSCH 的相关参数和 HARQ 协议等相关处理，在高层和接口加入相关操作信令。TD-SCDMA HSDPA 有以下技术特点：

（1）实现更高的峰值速率：单载波最高达 2.8 Mbit/s；

（2）信道可以被多个用户共享；

（3）速率调整快：每 5 ms 可对用户资源重新分配一次。

4.9.1 共享信道

为了适应分组数据业务的特点，HSDPA 中引入了共享信道的机制，即多个用户共享无线资源。考虑到分组业务突发性强，持续时间不确定的特性，系统采用共享信道的方式为分组用户提供服务，用户通过时分或者码分的形式共享无线资源。系统定义了新的共享信道以及相应的上下行控制信道以支持 HSDPA 特性。

HSDPA 新增了一种共享传输信道和三种共享物理信道：

1. 传输信道

HS-DSCH（High Speed Downlink Shared Channel）是新增加的传输信道，用于承载高速下行数据，映射到 HS-PDSCH 上。HS-DSCH 支持数据的 TTI 为 5 ms，采用 AMC 以及 HARQ 等链路自适应技术，为多个用户以时分或者码分的形式共享。

2. 物理信道

（1）HS－PDSCH（High Speed Physical Downlink Shared Channel）下行信道，承载 HSDPA 业务数据。

（2）HS－SCCH（High Speed Shared Control Channel）下行信道，HSDPA 专用的下行控制信道，承载所有相关底层控制信息。

（3）HS－SICH（High Speed Shared Indication Channel）上行信道，用于反馈相关的上行信息，包括 ACK/NACK 和 CQI。

为了支持 HSDPA 相关的信令，系统增加了两个物理信道 HS－SCCH/HS－SICH，由 Node B 控制，用于传递 HS－DSCH 的控制信息以及终端的反馈信息。下行控制信道 HS－SCCH 使用两个 SF = 16 的码道，携带的控制信息包括用户标识、HS－PDSCH 使用的码资源、调制方式、TBS 块大小以及 HARQ 相关信息。上行控制信道 HS－SICH，使用一个 SF = 16 的码道，和 HS－SCCH 成对使用，用户用于反馈信道质量（CQI）以及下行数据 ACK/NACK 的信息。

4.9.2　AMC——自适应调制和编码

1. AMC 概述

无线信道的一个很重要的特点就是具有很强的时变性，短时间瑞利衰落可以达到十几个甚至几十 dB。对这种时变特性进行自适应跟踪会给系统性能的改善带来很大的好处。链路自适应技术可以有很多方法，如功率控制及 AMC（Adaptive Modulation and Coding Schemes）等。HSDPA 就是在原有系统固定调制和编码方案基础上，引入更多编码率和 16QAM 调制，使得系统能够通过改变编码方式和调制等级对链路变化进行自适应跟踪。

1）链路自适应方式

（1）功率自适应方式：发送端改变发送数据的传输功率来适应信道条件的变化；

（2）AMC 方式：发送端通过改变数据的传输码率，进而适应信道变化。

AMC 的原理就是在系统限制范围内，根据由大尺度衰落引起的瞬时无线链路信道质量的变化，灵活地调整发送给每个用户数据的 MCS（调制编码方式）。具体来说，AMC 通过改变调制方式和信道编码率来调整传输速率，目前采用 QPSK 和 16QAM 两种调制方式。系统根据自身物理层能力和信道变化情况，建立一个在共享信道 HS－DSCH 中传输格式的编码调制格式集合（MCS），每个 MCS 中的传输格式包括传输数据编码速率和调制方式等参数，当信道条件发生变化时，系统会选择与信道条件对应的不同传输格式来适应信道变化并通知 UE。

2）AMC 的实现

HSDPA 采用 AMC 作为基本的链路自适应技术对调制编码速率进行粗略的选择，如图 4－23 所示。靠近基站的用户接收信号功率强，采用高阶调制方式（如 16QAM）和高速率信道编码（3/4 编码速率），使用户获得尽量高的数据吞吐率；当信号较差时，则选取低阶调制方式（如 QPSK）和低速率信道编码（1/4 编码速率）来保证通信质量。

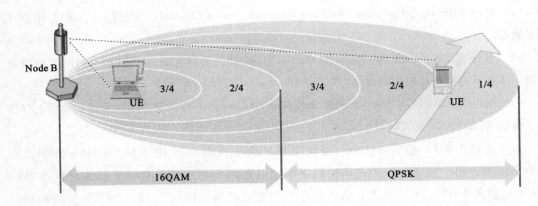

图 4－23　AMC 示意图

2. AMC 的控制机制

AMC 的控制机制如图 4－24 所示，具体如下：

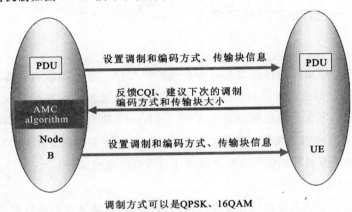

图 4－24　AMC 控制机制

（1）UE 和 Node B 建立通信后，Node B 设置默认的调制和编码方式、传输块大小信息给 UE，并使用该设置信息。

（2）UE 根据测量的信道质量，反馈信道质量指示、建议下次的调制编码方式和传输块大小给 Node B。

（3）Node B 收到 UE 的反馈信息后，根据 UE 的反馈信息和自身的 AMC 算法规则，调整合适的调制和编码方式，以及传输块大小信息，并将调整后的信息设置给 UE。此后，Node B 和 UE 将在该阶段使用被设置的新的调制和编码方式，以及传输块信息。

（4）根据信道质量的不断变化，Node B 和 UE 会反复执行以上协商过程。

（5）Node B 和 UE 协商可选择的调制方式是 QPSK 或者 16QAM，协商的传输块大小范围是 40 ~ 14 056 bit。

3. AMC 的优点

（1）处于有利位置的用户可以得到更高的数据速率，提高小区平均吞吐率。

（2）链路自适应基于改变调制编码方案代替改变发射功率，以减小冲突。

4.9.3 调制技术

HSDPA 调制分为 QPSK 和 16QAM 两种。在有利位置的用户（如离基站较近的用户）会被分配较高的调制等级和较高的编码速率（例如 16QAM 和 $R = 3/4$ 的码率），而在不利位置的用户（接近小区边缘的用户）会被分配较低的调制等级和编码速率（例如 QPSK 和 $R = 1/2$ 的码率）。系统仿真表明，采用 16QAM 和 QPSK 组合调制比单一 QPSK 调制的系统可提高大约 20% 的平均吞吐率。在 TD－SCDMA HSDPA 系统中，使用了 QPSK 和 16QAM 两种技术自适应调制。

QAM 是一种矢量调制，它将输入比特先映射到一个复平面（星座）上，形成复数调制符号，然后将符号的 I、Q 分量（对应复平面的实部和虚部）对两个相互正交的同频载波进行幅度调制，利用已调信号在同一带宽内频谱正交的性质，来实现两路并行的数字信息在同一信道内互不干扰地进行传输。QAM 对应的空间信号矢量端点分布图称为星座图，所以 QAM 调制又称为星座调制。8PSK、QPSK、16QAM 的星座图如图 4－25 所示。

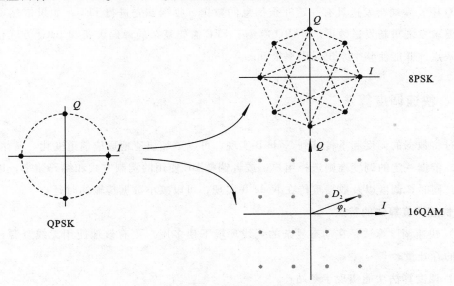

图 4－25　HSDPA 调制技术

4.9.4 HARQ——混合自动重传

HARQ（Hybrid ARQ），即混合自动重发请求。HARQ 是自动重传请求（ARQ）和前向纠错（FEC）技术相结合的一种纠错方法，通过发送附加冗余信息，改变编码速率来自适应信道条件，是一种基于链路层的隐含的链路自适应技术。

采用 HARQ 技术的接收方在译码失败的情况下，保存接收数据，并要求发送方重传数据，接收方将重传数据和前面的数据进行合并，再送到译码器进行译码。因为数据在译码前进行了合并，译码数据具有更多的信息量，可以提高译码的成功率，降低错误率。HARQ 技术可以提高系统性能，并可灵活地调整有效码元速率，补偿由于采用链路适配不合适所带来的误码。AMC 中是利用反馈信息等设定调制和编码的级别，从而实现自适应控制，而 HARQ 通过链路层的确认信号来决定重发与否，隐含地实现了自适应控制。

在 HSDPA 中，HARQ 技术主要作用是补偿 AMC 选择的传输格式不恰当带来的误码。AMC 的机制提供了大动态范围的粗略的、慢速的自适应控制，而 HARQ 的机制则提供了小动态范围精确的、快速的自适应控制；AMC 的机制对测量的误差和时延敏感，而 HARQ 是对信道即时状态的反应，与测量误差和时延无关，即 AMC 能够提供粗略的数据速率的选择，而 HARQ 基于信道条件可以提供精确的速率调节，将 HARQ 与 AMC 这两种链路自适应技术结合使用可以取得比较理想的效果，即 AMC 基于信道测量结果等信息大致决定数据传输速率，HARQ 在此基础上根据实时信道条件再对数据传输速率进行微调。研究表明，通过 HARQ 技术可有效的将由于 AMC 选择传输格式不恰当所造成吞吐量损失减少 50%。同时，HARQ 在不降低系统性能的情况下，还可以减少 MCS 的调制编码类型，降低系统调度和实现复杂度。

HARQ 有几种不同的方式分别称为：H-ARQ type I、H-ARQ type II 和 H-ARQ type III。在 HARQ 中，发端会发送具有一定冗余信息的数据，收端首先进行 FEC，如果依然不能正确解调则要求发端重新发送数据。HARQ 避免了 FEC 需要复杂的译码设备和 ARQ 方式信息连贯性差的缺点，并能使整个系统误码率很低。

4.9.5 快速调度算法

通过将数据的调度和重传移到 Node B 实现，可以更加快速地适应信道变化。基站根据 UE 的反馈，依据一定的调度准则选择用户，或者调整 UE 使用的调制方式和编码速率，以优化系统性能。同时，调度以及数据重传在 Node B 实现，可以减小数据传输的时延。

1. 快速调度算法的特点

（1）快速调度算法是在动态复杂的无线环境下使多用户更有效地使用无线资源，提高整个扇区的吞吐量；

（2）调度算法功能实现于基站；

（3）需要考虑两个重要因素：吞吐量和公平性。

2. HSDPA 系统的调度算法

（1）Max C/I：最大载干比算法，Max C/I 基本思想是对所有待服务的移动台依据其接收信号 C/I 预测值进行排序，并按照从大到小的顺序进行各用户数据的发送。其缺点是距离基站近的移动台由于其信道条件好会一直接收服务，而处于小区边缘的用户由于 C/I 较低，这些用户将得不到服务机会，甚至出现所谓"饿死现象"，从占有系统资源的角度来看，这种调度算法是最不公平的。

（2）RR：轮循算法，RR 算法的基本思想是保证小区内的用户按照某种确定的顺序循环占用等待时间的无线资源来进行通信。每个用户对应一个队列以存放待传数据，在调度时非空的队列以轮循的方式接收服务以传送数据。其优点是不仅可以保证用户间的长期公平性，还可以保证用户的短期公平性，另外算法实现简单。其缺点是该算法由于没有考虑到不同用户无线信道的具体情况，因此系统吞吐量比较低。

（3）PF：正比公平算法，如果用户的信道条件较好，其请求传输的速率也较大，该用户的优先权将提高；如果一个用户因为信道条件较差，特别是由于它处于小区边缘，C/I 长时间较低，得不到传输的机会，其平均吞吐量减少，平均速率降低，这种情况下的用户同样会提高优先权，获得传输的机会。从统计意义上来看，每个用户分配的资源是相同的，公平性与RR 相当，而系统容量高于 RR，接近 Max C/I，较适合实际系统使用。

4.9.6 多载波 HSDPA

为了提高对分组业务的支持能力，取得更高的峰值速率，使 TD-SCDMA 系统与其他系统相比具有相当的竞争优势，在 CCSA 对 TD-SCDMA 标准化过程中，提出了多载波 HSDPA 技术，通过多载波捆绑提高 TD-SCDMA 系统中单用户峰值速率。多载波 HSDPA 也是对已有 N 频点技术的自然延伸，在 N 频点小区中，一个小区拥有多个载波资源，为多载波的捆绑提供了便利。使用多个载波进行捆绑来提供 HSDPA 业务，可以显著提高单用户的峰值速率。而且多载波捆绑方式资源配置灵活，同时后向兼容单载波。

TD-SCDMA 多载波技术，是指在使用 HSDPA 技术时，多个载波上的信道资源可以为同一个用户服务，即该用户可以同时接收本扇区多个载波发送的信息。这样，如果采用 N 个载波同时为一个用户发送，理论上用户可以获得原来 N 倍的数据速率。同时，由于在 HSDPA 技术中引入了多载波特性，MAC-hs 除了完成共享用户的调度、AMC、HARQ 等链路自适应的功能，还增加了多载波分流、数据处理的功能。具体体现为：当一个用户的数据同时在多个载波上传输时，HS-DSCH 所使用的物理资源包括载波、时隙和码道，由 MAC-hs 统一调度和分配。当一个用户的数据在多个载波上同时传输时，由 MAC-hs 对数据进行分流，即将数据流分配到不同的载波，各载波独立进行编码映射、调制发送以及相应的信道质量反馈，对于 UE，则需要有同时接收多个载波数据的能力，各个载波独立进行译码处理后，由 MAC-hs 进行合并。

练　习

一、填空题

1. 在 TD-SCDMA 系统中，用到的关键技术为_____。

2. ISI 是_____ MAI 是_____。

3. 智能天线校准的目的是_____。

4. 智能天线的优点是_____。

5. 在 TD-SCDMA 系统中，上行同步的目的是_____。

二、多项选择题

1. 在 TD－SCDMA 系统中，用到了以下几种类型的切换（　　）。

A. 硬切换　　　　　　　　　　　B. 软切换

C. 接力切换　　　　　　　　　　D. 更软切换

2. 在 TD－SCDMA 系统中，TPC 可用于（　　）。

A. 进行外环功率控制　　　　　　B. 用于上行同步

C. 用于传输 TFCI（传输格式指示）　　D. 进行内环功率控制

3. 在 TD－SCDMA 系统中，TPC 的步长可以是（　　）。

A. 0 dB　　　　　　　　　　　　B. 1 dB

C. 2 dB　　　　　　　　　　　　D. 3 dB

4. 在 TD－SCDMA 系统中，无线资源管理包括（　　）。

A. 呼叫接纳控制　　　　　　　　B. 动态信道分配

C. 切换控制　　　　　　　　　　D. 小区初搜

三、简答题

1. 什么是 TDD 技术和 FDD 技术？

2. 上行同步如何建立和保持？

3. TD－SCDMA 系统的智能天线系统包括几部分，分别是什么？

4. 智能天线在 TD－SCDMA 系统中具有哪些优势？

5. 智能天线主要分为几种？各自应用的场合有哪些？

6. 联合检测的原理是什么？

7. TD－SCDMA 系统为什么有利于联合检测算法的使用？

8. 为什么智能天线技术和联合检测技术要同时使用？

9. 信道分配技术分为几种？

10. 动态信道分配技术对于 TD－SCDMA 系统具有哪些作用？

11. 切换分为哪几种？接力切换具有什么样的优点？

12. TD 系统为什么必须有功率控制技术？功率控制技术分为哪几种？

第5章

→ TD - SCDMA 网络规划

5.1　TD - SCDMA 网络特点

5.1.1　定时提前对覆盖半径的影响

TD - SCDMA 的子帧结构如图 5 - 1 所示。

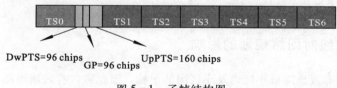

DwPTS=96 chips　　GP=96 chips　　UpPTS=160 chips

图 5 - 1　子帧结构图

由 TD - SCDMA 系统的时隙结构可知，为使 UE 发送的上行同步码 SYNC_UL 落在 Node B 的 UpPTS 时隙内，UE 需要提前发送，称之为 UE 的定时提前。如果 UE 的定时提前小于 96 chips，则不会出现上下行导频的干扰，根据公式：$d_{max} = C \cdot t_{gap} / 2$，其中 C 为光速，t_{gap} 定时提前，由此决定了 TD 的覆盖范围为 11.25 km。如果定时提前超过 96 chips 时，UE 发送的 UpPTS 将干扰临近 UE 的 DwPTS 的接收，这在 TD - SCDMA 中是可以接受的，这是因为以下几点：

（1）对于大小区，两 UE 靠近的可能性不大；

（2）DwPTS 无须在每一帧中均被 UE 接收，初始小区搜索中几个 DwPTS 未能接收亦无大碍；

（3）UpPTS 并不在每一帧中发射，它仅在随机接入或切换时需要，故干扰的概率很小。

所以 UE 的定时提前可以达到 96 + 96 = 192 chips，甚至 96 + 96 + 160 = 352 chips。相应的 TD 覆盖范围可达到 25 km，甚至 41 km。

5.1.2　业务同径覆盖

TD - SCDMA 系统能同时保证各业务的连续覆盖。WCDMA 各业务的扩频因子不同，因而覆盖为半径不同的同心圆，即"同心覆盖"，这给它的网络规划带来了很大的麻烦，如果保证语音业务的连续覆盖，就不能保证高速数据业务的连续覆盖，如果保证高速数据业务的连续覆盖，语音业务的覆盖就有很大的重叠，相互之间会存在严重的干扰。TD-SCDMA 的系统数据业务半径差别不明显，这是由于高速数据业务占用多个时隙，而每时隙占用码道数相同，处理增益相差不大，使得其各业务的覆盖半径基本相同，即"同径覆盖"，因此能同时保证各业务的连续覆盖。

5.1.3 系统容量

对于语音业务，TD-SCDMA 的频率利用率为 15 用户/MHz/小区，WCDMA 及 CDMA2000 的频率利用率分别为 6 用户/MHz/小区、8 用户/MHz/小区；对于数据业务，TD-SCDMA 的频率利用率为 1.25 Mbit/s/MHz/小区，WCDMA 及 CDMA 2000 的频率利用率分别为 0.4 Mbit/s/MHz/小区、1.0 Mbit/s/MHz/小区。不难看出，在相同的频谱宽度内，TD-SCDMA 系统可以支持更多的用户数和更高速的数据传输，即其容量较大。

我国为 TDD 模式规划了 55 MHz 的核心频段以及 100 MHz 的补充频段；TD-SCDMA 技术在 55 MHz 的核心频段可提供 33 个频点（55 MHz/1.6 MHz），补充频带内可提供 60 个频点（100 MHz/1.6 MHz）。

5.1.4 智能天线对网络规划的影响

智能天线可以有效地降低小区内及小区间的干扰，因此可以有效地提高 TD-SCDMA 的覆盖范围及容量。理论上智能天线上行有 9 dB 的分集增益，下行有 9 dB 的赋形增益；从外场测试的结果表明，智能天线有效降低了小区内及小区间的干扰，因此提高了系统容量。智能天线的使用代价是增加了系统的复杂度。目前 TD-SCDMA 使用的智能天线不管是圆阵还是线阵，都不能电调下倾，只能预制下倾角，线阵可以机械下倾；而 WCDMA 则可以实现电调下倾和机械下倾。

5.1.5 小区呼吸效应

所谓呼吸效应就是随着小区用户数的增加使覆盖半径收缩的现象。导致呼吸效应的主要原因是 CDMA 系统是一个自干扰系统，因此呼吸效应是 CDMA 系统的一个天生缺陷。呼吸效应的另一个表现形式是每种业务用户数的变化都会导致所有业务的覆盖半径发生变化，这会给网络规划和网络优化带来很大的麻烦。TD-SCDMA 是一个集 CDMA、FDMA、TDMA 以及 SDMA 于一身的系统，它通过低带宽 FDMA 和 TDMA 来抑制系统的主要干扰，使产生呼吸效应的因素显著降低，在单时隙中采用 CDMA 技术来提高容量，单时隙中多个用户之间的干扰也是产生呼吸效应的唯一原因，而这部分干扰通过联合检测和智能天线技术（SDMA 技术）也基本上被克服了，因此 TD-SCDMA 不再是一个干扰受限系统，而是一个码道受限系统，覆盖半径基本不随用户数的增加而变化，即呼吸效应不明显。

5.2　TD‑SCDMA 组网策略

5.2.1　无线网络规划思想

网络规划必须要达到服务区内最大程度的时间、地点的无线覆盖，最大程度减少干扰，达到所要求的服务质量，最优化设置无线参数，最大发挥系统服务质量，在满足容量和服务质量前提下，尽量减少系统设备单元，降低成本。

网络规划是覆盖（Coverage）、服务（Service）和成本（Cost）三要素（简称CSC）的一个整合过程，如何做到这三要素的和谐统一，是网络规划必须面对的问题。一个出色的组网方案应该是在网络建设的各个时期以最低代价来满足运营要求。网络规划必须符合国家和当地的实际情况；必须适应网络规模滚动发展，系统容量以满足用户增长为衡量；要充分利用已有资源，应平滑过度；应注重网络质量的控制，保证网络安全、可靠；而且要综合考虑网络规模、技术手段的未来发展和演进方向。

网络规划策略指导思想是覆盖点、线、面，充分吸收话务量。对于话务（业务）量集中的"点"，为重点覆盖区域。确保这些区域的覆盖，我们称为"点"覆盖。对于话务（业务）量流动的"线"，把重点覆盖区域通过的几条主要"线"链接在一起，保证用户的满意度。确保这些区域的覆盖，我们称为"线"覆盖。对于话务（业务）量有一定需求的地区"面"，为了进一步提高用户的满意度，同时尽量吸收更多的用户，我们把次要"点"和次要的"线"，连接起来，确保这些区域的一定程度的覆盖，我们称为"面"覆盖。

5.2.2　TD‑SCDMA 网规原则

1. 规划策略

TD‑SCDMA无线网络规划思路要坚持规模发展的原则，充分考虑长远规划及用户容量分阶段逐步增加的特点，结合热点、重点覆盖区域，实现全网一次规划，分期建设，不断调整的策略。

基站的规划需要综合考虑规划区域地理环境特点、预规划远景容量目标，做到全网"一次规划，分期建设"。通过完善的一次性全网规划，保证网络规划的战略性目标，降低扩容对现网运行系统的影响，保证无线网络的低复杂性，易于网络建设和网络维护。首先完成重点区域、热点区域的覆盖，所有站点一次性到位，完成初期覆盖，市区（特别是密集城区）要做到大覆盖、大负载，密集城区、普通市区一般采用多载三扇站型，扩容阶段可以增加载频，郊区、农村等业务量稀少的广覆盖地区，可以采用全向站进行规划。

TD‑SCDMA频率资源丰富，充分考虑以上原则，提出了"一次规划，分期建设"的组网理念，如图5‑2所示，其各期规划互不相干，各种业务基本可达连续覆盖。

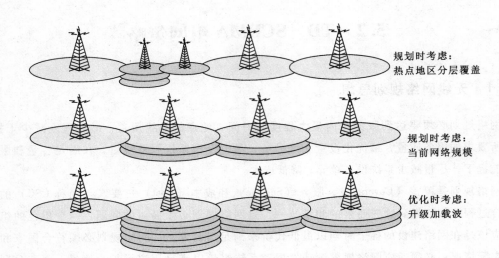

规划时考虑：
热点地区分层覆盖

规划时考虑：
当前网络规模

优化时考虑：
升级加载波

图 5 - 2　一次规划，分期建设

在建网初期，覆盖半径按照同频组网情况进行规划，而初期的频点规划则以异频规划为主，随着容量的增加逐渐实现从异频组网到混频组网直至同频组网的过程；在密集城区和一般城区以宏蜂窝覆盖为主，并考虑室外宏蜂窝对部分室内用户的覆盖；宏蜂窝组网均采用智能天线，一般采用线阵智能天线；在 TD - SCDMA 系统中一般切换采用接力切换方式，跨 RNC 切换时，采用硬切换方式。

2. TD - SCDMA 网规要点

TD - SCDMA 网络规划要点包括：覆盖规划、容量规划、无线参数规划（包括：频点规划、扰码规划、邻小区规划等）。

1）覆盖规划

考虑不同无线环境的传播模型和覆盖率要求来设计基站类型，使得网络条件达到无线网络规划初期对网络各种业务的覆盖要求。由于 TD - SCDMA 系统各种业务覆盖半径近似相同，因此，各种业务的连续覆盖可以得到很好的平衡。

进行覆盖规划时，要充分考虑无线传播环境。由于无线电波在空间衰减存在较多的不可控因素，相对比较复杂。应对不同的无线环境进行合理分区，通过模型测试和校正，滤除无线传播环境对无线信号快衰落的影响，得到合理的站间距。

2）容量规划

考虑不同用户业务类型来进行网络容量规划。一般在城区的业务量比在郊区业务量大，同时各种地区的业务渗透率也有很大不同，应对规划区域进行合理分区，完成业务量预测后进行容量规划。

3）无线参数规划

在无线网络参数规划阶段，除了天线参数之外，还要根据环境对 RNC、Node B 的无线参数进行初步的规划。主要包括邻区规划、码资源规划和频点规划。

首先根据覆盖仿真和小区拓扑结构进行邻小区规划，同时邻接关系规划结果也作为扰码规划的输入。其次考虑用户数和用户构成，考虑可用频点资源数量，考虑业务类型和业务量，考虑选择的站型，设计频点的分配；TD－SCDMA 在进行频率规划时，采取如下原则：N 频点主载波频点规划以异频规划为主。

由于接收端接收到的数据除了含有本小区的码组数据外，还有其他小区的码组数据，这样就引入了邻小区干扰，不同码字间的干扰大小不同，可以通过研究码字间的相互干扰，以得到一种较优的码组配置方案使系统组网内小区间码字干扰降至最小。当前的码资源规划主要是扰码规划，主要依据邻区关系以及扰码相关性来进行规划。还有其他无线参数规划，如公共信道功率、业务信道功率、切换门限等。

5.3 TD－SCDMA 网络规划流程

在满足运营商提出的覆盖范围、容量要求、服务质量的情况下，给出网络规模估算结果，使投资最小化，并用仿真工具进行软件验证。网络规划要对网络发展趋势做出预测，并为未来的建设作好准备，网络规划在网络建设中的地位如图 5－3 所示。

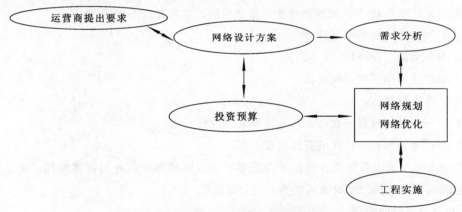

图 5－3 网络规划在网络建设中的地位

5.3.1 需求分析

项目预研的过程中需要了解客户对将要组建网络的要求，了解现有网络运行状况及发展计划，调查当地电波传播环境，调查服务区内话务需求分布情况，对服务区内近期和远期的话务需求作合理预测。

1. 区域划分

在进行业务分析时，首先需要按照一定的规则对有效覆盖区进行划分和归类，不同区域类型的覆盖区采用不同的设计原则和服务等级，以达到通信质量和建设成本的平衡，获得最优的资源配置。考虑无线传播环境因素，通常可划分为密集市区、市区、郊区、农村。

2. 用户密度

需求分析阶段要根据客户要求的业务区，确定规划区的覆盖区域划分，以及与之相对应的用户（数）密度分布，确定业务区域划分，以实现规划设计所要达到的目标，即以客户提出的规划要求做客户需求分析，了解规划区的地物、地貌，研究话务量的分布，了解规划区的人口分布和人均收入，了解规划区的现网信息，提出满足客户提出的覆盖、容量、QoS 等要求的规划策略。对客户要求覆盖的重点区域进行实地勘察，利用 GPS 了解覆盖区的位置，覆盖区的面积。通过现网话务量分布的数据，指导待建网络的规划，根据提供的现网基站信息，作好仿真前的准备工作，并且需求分析需要做预期用户数分析。

3. 业务模型

由于 3G 网络多业务并存的特点，对各种业务的业务模型研究成为 3G 网络规划的重点工作之一。因为 TD - SCDMA 系统的许多关键性能参数，比如覆盖、容量、频谱效率等，都与系统承载的业务类型密切相关。由于需要预测 TD - SCDMA 系统承载多种业务时的性能，建立有效的资源分配策略，须掌握业务尤其是各种数据业务的特性，建立合适的业务模型。目前 3G 网络中存在的业务大致可分为两类：话音业务和数据业务，它们的业务呼叫模型有显著的不同。

1）话音业务呼叫模型

话音业务模型和 IS95 系统的话音业务模型相同，主要有以下指标：

（1）忙时的每用户爱尔兰分布；

（2）服务等级（GOS）；

（3）每次呼叫的平均呼叫时长。

话音呼叫的特点：

（1）每一次呼叫就是一次话音接入与释放的过程；

（2）每次通话过程中占用的资源内容不变。

话音业务模型的主要参数为用户平均发起呼叫的频率和平均呼叫持续时间，由这两个参数可以计算得到单个用户忙时通话的爱尔兰分布数量。

2）数据业务呼叫模型

数据业务是休眠（Dormant）状态和激活（Active）状态的转换；用户的每一次会话（Session）可以包含多次分组呼叫（Packet Call），而且不同的业务类型和不同的用户类型都具有不同的特点；数据以突发（Data Burst）方式传输；分组呼叫所占用的资源随着数据的突发传输而随时变化。

4. 无线环境分析

无线环境分析包括：频谱扫描分析和传播模型分析。

（1）频谱扫描的目的是为了找出当前规划项目准备采用的频段是否存在干扰，并找出干扰方位及强度，从而为当前项目选用合适频点提供参考，也可用于网络优化中的问题定位。

（2）传播模型测试的目的就是通过选取测试几个典型站点的传播环境，来预测整个预规划区域的无线传播特性。

5.3.2　规模估算

在网络规划前，可以预先估计网络的规模，如整个网络需要多少基站，多少小区等。网络规划估算就是通过链路预算容量估算之后，大致确定基站数量和基站密度。在根据覆盖确定需要的 Node B 数量时，计算反向覆盖可以得到小区覆盖半径。根据各个业务区的面积可以粗略计算需要的 Node B 数量，然后根据用户容量确定需要的 Node B 数量，二者之间取大即为所需要的 Node B 数量。

网络规模直接由两个方面决定，一是由于覆盖受限而必需的小区数目，二是由于小区容量受限而必需的小区数目。网络规模估算包括两部分：一部分是基于覆盖的估算，一部分是基于容量的规模估算。规模估算流程如图 5 - 4 所示。

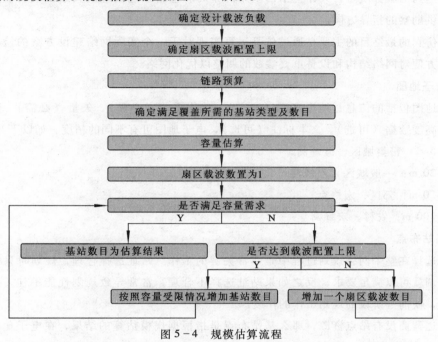

图 5 - 4　规模估算流程

1. 基于覆盖的估算

覆盖估算要做到如下四步：

（1）无线传播模型确定；

（2）在校正后的传播模型基础上，使用链路预算工具，分别计算满足上下行覆盖要求条件下各个区域的小区半径；

（3）根据站型计算小区面积；

（4）用区域面积除以小区面积就得到所需的基站个数。

2. 基于容量估算

TD - SCDMA 系统是一个承载话音和数据混合业务的系统。由于混合业务的引入，导致 TD - SCDMA 网络的规划不能再简单地沿用传统方法。研究系统中各种业务的特性以及利用其特性进行网络规划，成为一个新的研究课题。简单地讲，如何确定承载混合业务的系统中的用户数与系统应提供的信道数的关系，成为网络设计的一个根本问题。

目前，在混合业务容量估算上业界还没有形成统一的方法。现有的混合业务容量计算方法主要有：等效爱尔兰法、后爱尔兰法、坎贝尔法等。

5.3.3 预规划仿真

所谓预规划仿真就是利用仿真软件在电子地图上做网络规模估算结果的验证工作。通过仿真来验证估算的基站数量和基站密度能否满足规划区对系统的覆盖和容量要求，以及混合业务可以达到的服务质量，大体上给出基站的布局和基站预选站址的大致区域和位置，为勘察工作提供勘察的指导方向。

规划仿真的最终目的主要是通过仿真运算实现对于一个实际网络建设方案的检验，并且提供工具方便对网络结构和设备重要参数的调整以优化网络。

1. 电子地图

电子地图包括的信息：地形高度（必需）、地物覆盖（必需）、矢量（必需）、建物的平面位置和高度数据（可选）、文本标注（可选），电子地图可有不同的精度，如以下几种：

（1）5 m：密集城区，微蜂窝；

（2）20 m：一般城区，宏蜂窝；

（3）50 m：郊区，宏蜂窝；

（4）100 m：农村，宏蜂窝。

2. 基站布点

站址选择在整个网络规划过程中是非常关键的工作。站址选择合理，规划时只需要对参数进行微调就可以满足要求；反之如果站址选择不合理，常常导致规划性能不佳，甚至重新选择站址，使前一阶段的规划工作的作废。

如果运营商没有站点资源，那么基站布点是指根据规模估算的结果，在电子地图上，考虑电子地图上呈现的地物、矢量信息，进行模拟布点，通过 Mapinfo 软件或网络仿真软件实现。如果运营商有站点资源，从利旧的角度出发，基站布点阶段的任务是从运营商可提供站点或候选站址选择合适的站点，确定站点的站型、网络整体结构。根据覆盖和容量的需要确定站点的站型，在此基站上搭建合理的网络拓扑结构。在站点分布规划中，根据综合的因素选择网络单元，这些因素包括：地形、地貌、覆盖、容量、机房条件等，通过灵活地运用 BBU + RRU 组网方式，以取得良好的效果。

3. 天线选型

1）智能天线原理

智能天线是使一组天线和对应的收发信机按照一定的方式排列和激励，利用波的干涉原理可以产生强方向性的辐射方向图，使用数字信号处理方法在基带进行处理，使得辐射方向图的主瓣自适应地指向用户来波方向，就能达到提高信号的载干比（C/I），降低发射功率，提高系统覆盖范围的目的。

2）智能天线选型原则

天线的水平波束宽度和方位角度决定覆盖的范围。基站数目较多、覆盖半径较小、话务分布较大的区域，天线的水平波瓣宽度应选得小一点；覆盖半径较大，话务分布较少的区域，天线的水平波瓣宽度应选得大一些。天线的垂直波束宽度和下倾角决定基站覆盖的距离。覆盖区内地形平坦，建筑物稀疏，平均高度较低的，天线的垂直波瓣宽度可选得小一点；覆盖区内地形复杂、落差大，天线的垂直波瓣宽度可选得大一些。天线增益是天线的重要参数，不同的场景要考虑采用不同的天线增益。对于密集城市，覆盖范围相对较小，增益要相对小些。降低信号强度，减少干扰；对于农村和乡镇，增益可以适度加大，达到广覆盖的要求，增大覆盖的广度和深度；对于公路和铁路，增益可以比较大，由于水平波瓣角较小，增益较高，可以在比较窄的范围内达到很长的覆盖距离。

4. 预规划仿真输出

预规划输出是通过进行预规划仿真实现的。输入信息为：站点基本信息、传播模型、天线模型等。输出信息为：接收电平值的覆盖预测图。

5.3.4 无线网络勘察

1. 站点勘察

进行无线网络勘察的目的是确认预规划所选站址是否满足建站要求。具体准则包括：

（1）宏基站的天线挂高大于平均覆盖目标高度，低于最高高度；

（2）主瓣方向场景开阔，周围 40～50 m 不能有明显反射物，不能有其他天线；

（3）天线的安装位置尽量靠近天面的边缘（避免"灯下黑"）；

（4）注意与其他系统天线的隔离度；

（5）保证扇区天线安装位置具有大约 30°范围的调整余地；

（6）考虑利用现有机房、铁塔和传输；

（7）天线安装位置能否牢靠的架设抱杆。

使用的基站勘察工具包括：激光测距仪（皮尺）、指南针、GPS、数码照相机。最后输出规范的无线网络勘察报告。

2. 基站调整

根据预仿规划真及勘察信息，进行基站调整。基站调整包括以下几种：

（1）调整发射功率以使基站的覆盖半径发生变化，增大或减小覆盖范围。

（2）加大基站天线的下倾角可以缩小小区的覆盖范围，减少小区间的干扰和导频污染。

（3）改变扇区方向角，有些基站天线的波束主瓣朝向前方有高楼或障碍遮挡，导致信号无法接收，这时候可以在考虑不干扰临小区的情况下，进行方位角的调整。

（4）降低天线高度，在城市环境中，要避免过高的站点。站点位置过高，会使相距很远的小区用户接收到比所在小区还要强的基站信号，引起严重的导频污染。

（5）更换天线类型，不同的天线类型有不同的应用场景，根据实际的应用环境应该选取不同的天线型号，以增加覆盖的效果。

（6）增加基站、微蜂窝或直放站，对热点地区，覆盖盲点可以采用增加微蜂窝、直放站，射频拉远等方式。

（7）改变站址，当某个基站周边的地貌地形发生变化导致无线传播环境恶化，不再适于架设站点或者由于物业，网络调整等方面影响时需要进行基站地理位置的调整。

最后根据无线网络勘察的结果，给出勘察报告，包括各站点信息及网络建议。

5.3.5 详细规划

详细规划的主要内容主要包括两方面：网络仿真和无线参数规划。

1. 网络仿真

在这一步中将按照工勘输出的站点，重新进行全面仿真分析，调整方案。目的是便于整网规划性能分析和后续的无线参数规划。网络仿真结果包括仿真工具所能输出的导频功率、手机接收电平等仿真图纸及统计数据表格，以及导频和接收电平等的图层输出、接通率统计、统计报表输出。

图层输出仿真工具能够提供的输出图层包括公共和业务信道，同时也可以给出相应图层的统计报表。

2. 无线参数规划

无线参数规划包括三步：邻小区规划、扰码规划、频点规划。

（1）邻小区规划：根据网络仿真得到的 P - CCPCH 最佳服务覆盖仿真和接收信号码功率仿真的结果，设置相关参数和约束条件，可以规划出相邻小区。按照一定规则，列出邻小区列表，以便后续频点和码资源规划。

（2）扰码规划：扰码规划基于对 128 个扰码间相关性的分析研究，得到一种较优的扰码配置方案使小区间扰码干扰降至最小。扰码规划的原则是不将相关性很强的码分配在覆盖区交叠的相邻小区。相邻小区的扰码相关值要低于一个门限，在一定的距离内已被分配的扰码不能被复用。利用软件进行规划，得到扰码分配结果，并根据结果进行手动调整，使其在最大程度上满足规划的要求。

（3）频点规划：采用 5 M 的 N 频点组网方式。在 5 M 带宽内有 3 个频点，每个小区配置 1 个主载波和 2 个辅载波，这 3 个载波是异频的。系统广播消息只在主载波下发，辅载波只用作业务信道。在频率规划时，重点规划主载波，避免相邻小区的主载波同频。

5.3.6 规划报告

TD - SCDMA 无线网络规划报告是无线网络规划成果的直接表现，是规划水平的反映。主要包括：规划区域类型划分、规划区域用户预测、规划区域业务分布、网络规划目标、网络规划规模估算、无线网络规划方案、无线网络仿真分析、无线网络建议等。从客户的角度来看，规划报告的质量高低直接反映了规划水平的高低，因此作为规划输出要完全体现在规划报告中，无线网络规划报告的内容要详尽、客观、真实，如实反映该区的各种需求，面临的问题和解决方案。要展现产品的最优性能，满足客户的最大期望。规划输出的对象主要有两部分：局方和用服人员。

练　习

1. TD - SCDMA 网络规划的流程包括哪些步骤？

2. 简述 TD－SCDMA 的组网原则及其优点。

3. TD－SCDMA 网络规划的要点包括哪几点？

4. 为什么 TD－SCDMA 系统各业务的覆盖半径基本相同？

5. 码资源规划的原则是什么？

→ **TD - SCDMA 网络优化**

6.1 无线网络优化简介

随着移动网络的迅猛发展，网络的服务质量问题已经越来越受到人们的关注。频率资源的紧缺、昂贵的设备投入、日益增加的用户数都对网络的发展造成了阻碍，同时更加广泛的移动性要求以及人们对服务质量、业务的更高要求又迫使网络不得不不断发展。无线网络优化就是要利用现有的网络设备、资源和容量，最大限度地提高网络的平均服务质量，提高效益；网络优化人员的任务就是在网络不断发展的过程中能够保持网络的服务质量不下降。

无线网络优化工作就是通过对设备、参数的调整等手段对已有网络进行优化的工作，最大限度地发挥网络的能力，提高网络的平均服务质量。通过网络优化工作，提高语音和其他业务服务，提高设备的利用率，增加网络容量，达到足够的覆盖和接通率，减少设备和线路的投资，尽可能地减少运营成本。

6.1.1 无线网络优化概述

所谓网络优化，就是根据系统的实际表现和实际性能，对系统进行分析，在分析的基础上，通过对网络资源和系统参数的调整，使系统性能逐步得到改善，达到系统现有配置条件下的最优服务质量。

如图 6-1 所示，无线网络优化是对无线网络进行参数采集、数据分析，找出影响网络质量的原因，通过技术手段或参数调整使网络达到最佳运行状态，使网络资源获得最佳效益；同时了解、研判网络的发展趋势，为进一步发展扩容提供技术依据和计划建议。通过网络优化，使用户（运营商、终端用户）获得价值最大化，达到覆盖、容量、价值的最佳组合，通过网络优化使用户提高收益率和节约成本。

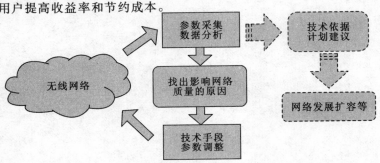

图 6-1 无线网络优化原理

移动通信网络主要包括交换传输系统和无线基站系统两部分，其中无线部分具有诸多不确定因素，它对无线网络的影响很大，其性能优劣常常成为决定移动通信网好坏的决定性因素。当然，无线网络规划阶段考虑不到的问题，如：无线电波传播的不确定性（障碍物的阻碍等）、基础设施（新商业区、街道、城区的重新安排）变化、取决于地点和时间的话务负荷（如运动场）、话务要求、用户对服务质量要求的增加等，都涉及网络优化工作。当网络运营商发现网络中存在诸如覆盖不好、话音质量差、掉话、网络拥塞、切换成功率、未开通某些新功能等问题时，也需要对网络进行优化。通过不断的网络优化工作，使得呼叫建立时间减少、掉话次数减少、通话话音质量不断改善、网络拥有较高可用性和可靠性，改善小区覆盖、降低掉话率和拥塞率、提高接通率和切换率、减少用户投诉。

影响无线网络结构变化的主要因素有：

（1）无线环境的影响，无线信道特性的影响如：时变系统、多径效应、多普勒效应等；环境的不确定性如：基础设施、障碍物的变化等；

（2）用户分布的影响，用户数量及需求的变化等；

（3）使用行为的影响，功率控制、切换等；

（4）网络结构的影响，基站变化等。

6.1.2　无线网络优化的特点

1. 优化对象

网络优化是一个长期的过程，它贯穿于网络发展的全过程。只有不断提高网络的质量，才能获得移动用户的满意，吸引和发展更多的用户。在日常网络优化过程中，可以通过 OMC 和路测发现问题，当然最通常的还是用户的反映。在网络性能经常性的跟踪检查中发现话统指标达不到要求、网络质量明显下降或来自用户的反映、当用户群改变或发生突发事件并对网络质量造成很大影响时、网络扩容时应对小区频率规划及容量进行核查等情形发生时，都要及时对网络做出优化。

无线网络优化涉及无线网络的各个接口部分及各个设备、模块，无线网络的优化对象如图 6－2 所示。

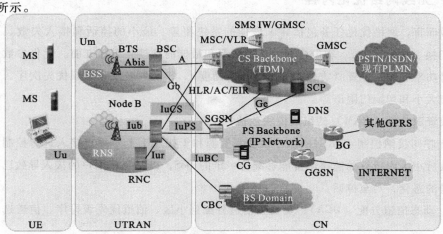

图 6－2　无线网络的优化对象

2. 无线网络工程优化

1）概念

无线网络工程优化是指在一期工程技术后开展的提高网络运行质量的优化工作，开始时间一般在第一个基站开通之后一周之内。

2）无线网络工程优化的特点

（1）解决由于工程建设导致的问题；

（2）优化的重点在天馈系统和解决设备故障，达到局方的考核指标；

（3）优化时间为网络建设期。

3）工程网络优化存在的意义及目标

由于在网络建设期关注重点是工程建设，网络质量和预期的有一定的差距，因此，设备提供商和网络运营商联合组成网络优化小组，对新建的网络及相关部门网络进行一定周期的优化，并在工程优化中进行培训，以便节省后期验收、培训和移交的时间和成本。通过工程网络优化达到或超过设备采购合同所规定的网络质量目标值，为用户提供优质的 TD－SCDMA 网络。

3. 无线网络运维优化

无线网络运维优化是指网络正式运行后保证网络运行性能质量的优化，开始于网络正常运行之时。

4. 无线网络运维优化的特点

（1）解决全网服务性能；

（2）优化重点为性能指标、用户满意度、网络覆盖率、设备利用率；

（3）优化时间为网络运维期。

6.2 无线网络优化内容和流程

6.2.1 无线网络优化内容

一般而言，网络优化任务包括寻求最佳的系统覆盖、最小的掉话和接入失败、合理的切换（硬切换、接力切换）、均匀合理的基站负荷和最佳的导频分布等方面。优化参数包括每扇区的发射功率、天线位置（方位角、下倾角、高度）、邻区列表及其导频优先次序、邻区导频集搜索窗大小和切换门限值等。

无线资源管理（RRM）的组成模块包括：

（1）呼叫接纳控制（CAC）：从小区功率资源和干扰水平上对用户接入进行控制，保证新用户接入后小区内所有的链路质量能够维持一定的 QoS，以避免新用户的接入导致已接入用户通信质量的恶化，乃至掉话。

（2）动态信道分配（DCA）：负责将信道分配到小区、信道优先级排序、信道选择和资源整合。

（3）切换控制（HOC）：保证移动用户通信的连续性，或者基于网络负载和操作维护等原因，将用户从当前的通信链路转移到其他小区。

（4）功率控制（POC）：在维持链路质量的前提下尽可能小地消耗功率资源，从而降低网络中的相互干扰和延长终端电池的使用时间。

（5）负载控制（LC）：当网络出现过载情况时，LC 通过 RRM 中其他模块的综合作用将网络恢复到正常的状态。

（6）分组调度（PS）：用于服务分组数据业务，具体调度速率由网络负荷情况决定。

TD－SCDMA 系统的无线资源管理的目的如下：

（1）确保用户申请业务的服务质量，包括 BLER、BER、时间延迟、业务优先级等；

（2）确保系统规划的覆盖；

（3）充分提高系统容量。

此外，TD－SCDMA 特有的优化任务包括业务信道与公共信道的平衡、时隙配置、接力切换、DCA 和智能天线等关键技术的合理应用。TD－SCDMA 系统使用特殊的帧结构，采用了智能天线、联合检测、DCA 和上行同步等关键技术，因此 TD－SCDMA 系统 RRM 算法设计更为灵活，优化复杂度高。一切可能影响网络性能的因素都属于网络优化的工作范畴，主要内容如图 6－3 所示。

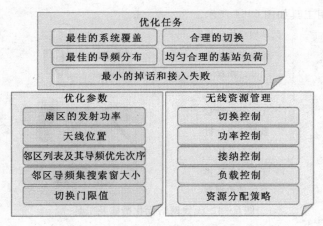

图 6－3　无线网络优化内容

6.2.2　无线网络优化措施

解决网络中存在的各种问题，需要综合利用各种技术手段，实现问题的定位和排除。无线网络性能综合表现在三个方面：覆盖、容量和质量。围绕这三个方面，可以采取不同措施，调整覆盖，实现负荷均衡，降低和规避干扰，提高网络质量。常用网络优化措施具体包括：

（1）排除设备故障，检查和发现与设计不符合、安装错误以及运行异常的设备，定位并解决网络故障。

（2）基站勘察，通过现场勘察，发现工程中遗留的问题，并予以解决。建立可靠、完善的基站数据库，为今后的维护优化工作奠定坚实的基础。

（3）网络仿真，通过规划优化软件，仿真网络运行情况。运用当地实际的测试结果，校正传播模型，使仿真更加吻合当地实情。通过仿真，对覆盖的合理性进行分析，初步分析频率、时隙配置是否合理，与覆盖有关的参数设置是否合理。

（4）DT/CQT 测试，通过实际测试获得真实的无线环境和网络性能感受，对问题进行准确的定位，发现并解决问题。

（5）数据核查分析，数据核查分析的内容包括：小区结构和资源、小区参数、OMC 报表、用户投诉记录、交换局数据、交换性能指标、网络同步、信令负荷和质量、传输和 VLR 用户情况等。

（6）信令分析，对主要网络接口进行信令分析，主要的网络接口包括无线网部分接口（Uu、Iu、Iub 和 Iur）、核心网接口（Gb、Gn、Gi 和 Gr 等）。

（7）工程参数优化，工程参数包括站点位置、天馈线类型、增益、方位角、下倾角和高度等方面内容。通过调整工程参数，合理控制无线覆盖范围。

（8）系统参数调整，小区系统参数包括公共和业务信道发射功率配置、功控参数、切换参数、资源管理和系统消息等方面内容。

网络优化中常用工具如图 6-4 所示。

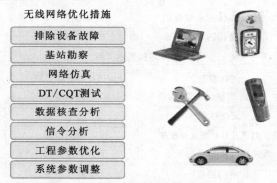

图 6-4　无线网络优化措施及工具

6.2.3　无线网络优化流程

无线网络优化流程如图 6-5 所示，其 8 个主要步骤如下：

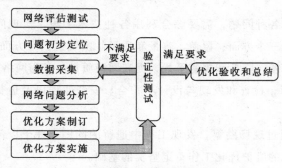

图 6-5　无线网络优化流程

1. 网络评估测试

在网络优化前，需要了解网络的现实情况，需要对优化区域网络进行网络评估测试。网络评估测试包括单站性能测试、全网性能测试和定点 CQT 抽样测试。测试项目包括覆盖率、呼叫成功率、掉话率、切换成功率、呼叫延时、话音质量、数据的呼叫成功率和下行平均速率等。其中，切换性能测试包括：接力切换和硬切换以及 SRNS 重定位。

前期准备的工具有：相关的路测工具、测试手机（包括测试号）、电子地图、测试车辆、基站信息表、网优分析软件等。

2. 问题初步定位

根据系统调查的数据，寻找影响网络指标较大的因素，以便进行网络评估并实现问题初步定位，常见因素如下：

（1）影响基站、RNC 设备正常运行的告警；

（2）掉话率异常的小区；

（3）接通率异常的小区和中继；

（4）切换成功率异常的小区；

（5）设备可用率异常的小区和中继；

（6）更正错误的录音通知。

性能指标包括：

（1）掉话率；

（2）接通率；

（3）切换成功率。

利用仿真系统得到的覆盖图，对覆盖的合理性进行分析，重点检查是否存在覆盖差或越区覆盖的问题，初步分析与覆盖有关的参数如发射功率等级、合路方式、天线的挂高、水平角、俯仰角、CCCH－MAX－PWR、最小接入电平、小区重选偏置等是否设置合理，并对不合理的参数予以记录，以便后续重点核查。

利用仿真系统得到的同频干扰图对频率配置进行评估，对不合理的频率配置予以记录，对干扰严重的区域予以记录，以便后续重点核查。

根据获得的参数，分析参数配置中存在关联参数配置不合理的情况、参数设置明显不符网络运行的情况、影响网络性能的参数设置等。

3. 数据采集

无线网络数据采集是通过 OMC 统计、DT、CQT 等有针对性地进行采集数据。

4. 网络问题分析

在分析网络问题时，应对网络现有状况做一个全面的了解。调查内容应包括：基站话务数据、信令数据、路测、话音质量测试、用户投诉、小区频率和扰码规划等。通过路测、CQT、干扰源查找以及话务统计分析等技术手段，定位网络问题，制定优化方案。

第 6 章 TD－SCDMA 网络优化

5. 优化方案制定

网络优化分为单站优化、簇群优化和全网优化。簇群优化是以小区簇为单位进行优化。小区簇是指网络内覆盖连续、质量相关的若干个基站组成的地理区域，通常包含 10～15 个站点。在对话务统计报表和路测数据分析的基础上，确定优化方案。网络优化方案应本着先全局后局部的原则，按照次序来逐步解决网络中存在的问题，避免每次的网络优化方案影响上一次实施的效果。无线网络优化方案实施包括以下步骤：

（1）整网硬件排障；

（2）天馈调整，解决覆盖；

（3）频率、扰码优化；

（4）邻区优化；

（5）系统参数优化。

6. 优化方案实施

网络分析工程师发现网络中存在的问题，根据测试数据确定调整方案。向运营商提交网络测试分析的结果、网络优化方案制定的依据及理由，讨论网络优化方案的可行性。经运营商认可，网管工程师执行网络参数的调整，测试工程师组织相关人员对天馈线进行调整。运营商协助网优工程师完成网络调整。

7. 验证性测试

在对网络进行优化措施之后，需要进行数据采集，来验证优化后系统性能是否提高。核查优化前的网络问题是否存在，对比优化前后的路测数据和关键性能指标，从而确定所采取的网络优化方案是否有效。

8. 优化验收和总结

在优化结束后，通过对全网的大规模数据采集，对全网性能进行后评估。评估主要关注网络 KPI 指标，从而判断网络性能是否达到指定要求，满足要求可申请局方验收，输出优化总结报告。

输出报告根据项目情况而定，一般包括以下内容：

（1）《TD－SCDMA 工程网络优化技术总结报告》，其内容包括：网络问题和优化方案总结；优化技术总结。

（2）《TD－SCDMA 工程网络优化总结汇报》，其内容包括：优化前后 KPI 指标对比；遗留问题总结。

项目经理根据双方认可的意向书作为参考，当网络指标达到或超过客户预期时，可以向局方相关优化负责人提出验收申请；和局方相关技术负责人达成共识后，向移动部经理正式提出工程优化验收申请。组织召开工程网络优化总结会议；在完成两份输出总结报告后，由项目经理协同局方技术负责人，共同组织召开工程网络优化总结会议，并以此会议为标志，结束本次工程网络优化；在会后可向局方相关领导申请工程优化小组撤离现场。

6.3 无线网络优化中的测试

6.3.1 优化工具

无线网络优化工具如图 6-6 所示。

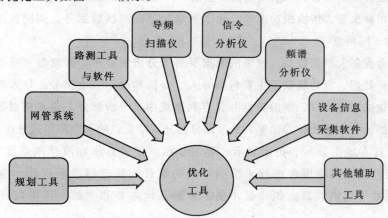

图 6-6 无线网络优化工具

1. 规划工具

在工程优化阶段，将调查得到的站点信息和现有话务统计输入电子地图中，经过仿真分析，可以对工程参数进行优化，如站点位置、天线类型、天线俯仰角和方向角等；也可以判断网络建设是否能达到预期目标。

2. 网管系统

网管系统从统计的观点反映了整个网络的运行质量状况。在成熟网络中，运营商以话务统计指标作为评估网络性能的最主要依据。网管系统主要起到监控和搜集数据的作用。它能显示系统提供的业务分布和质量状况，包括：阻塞率、掉话率、呼叫失败率、通话成功率、切换成功率、上下行负载、数据业务重传和延迟、数据业务与电路业务的比率等。话务统计数据包含了详细的统计指标、事件次数和计时点。有些指标是以整个 RNC 的范围为统计基准，有些是以扇区的载频为统计基准。话务统计数据需要预先登记，网络优化时根据需要登记相应的话务统计项目。

除了话务统计，告警数据收集也是网管系统的重要功能。告警是设备使用或网络运行中异常或接近异常状况的集中体现，反映了设备的运行状况。网优工程师不仅要收集小区的告警，还需要查看系统 RNC 的相关告警，同时注意网络当前与历史告警信息。在网络优化期间应该关注告警信息，以便及时发现预警信息，避免事故的发生。

3. 路测工具与软件

路测（DT）是选取一定的路径，利用路测工具进行抽样测试，路测数据从抽样的观点反映了网络的运行质量。一套完整的路测设备包括测试接收机、GPS、数据线、电源转换设备以及便携电脑。软件包括前台数据采集软件（简称路测软件）和后台数据处理软件（简称后处理软件）。路测软件是网络优化最重要的工具之一，路测软件可以存储、分析和显示测试终端或者其他测试设备采集到的空中无线信号，为室内外网络优化提供基础测试数据。在基础测试数据中，一部分是动态数据，如接收信号强度、终端发射和接收信号 BLER 等；另一部分是统计数据，如切换次数、切换成功率等。除了采集到基础测试数据外，路测软件还可以记录 Uu 接口 2 层和 3 层消息。

路测软件会收集大量的数据，收集的数据要易于分析和显示，这就需要后处理软件对路测数据进行分析处理。后处理软件主要包括导入、分析和显示三个部分。导入部分将各种格式路测数据转化成系统可以识别的数据并保存到系统中。分析部分主要实现对导入的网络测试数据进行过滤、查询和统计等操作。显示部分将分析结果以图和表的形式显示。

数据显示具有地图显示、图形显示、列表显示、报表显示和消息浏览器显示等功能。数据分析功能可以在多个维度进行，按照不同的统计方法进行参数统计。参数统计可以统计指定参数的平均值、最大值、最小值、方差、均方差和个数，还可以设置统计参数门限值。

4. 导频扫描仪

导频扫描仪对所有可能的导频进行一次彻底的搜索。在覆盖区域内的测试路线上，导频扫描仪不间断地进行导频扫描，由此得到测试路线上每一点上所有可检测到的导频。

设置准确的邻区列表非常重要。初始化邻区列表是在覆盖预测的基础上完成的，利用导频扫描的结果可以进一步完善邻区列表。在导频扫描过程中，可以检测到在某一个区域中较强且没有加入到主覆盖小区邻区列表中的导频；另一方面，列入邻区列表且在该小区内没有检测到的导频，可以从邻区列表中剔除。

5. 信令分析仪

信令跟踪是无线网络优化非常重要的手段。网络中所有行为都是由一组遵从一定规范的信令流程构成，如无线接入、信道分配、位置更新和切换等。通过信令跟踪设备，获取 Iur/Iub/Iu 接口信令数据。信令跟踪可以检测到每个通话的信令流程，发现异常的通信中断，以查找异常通信的原因，快速有效地解决问题。通过对大量呼叫的统计，可以很容易发现硬件或网络中存在的问题，及时加以解决。

跟踪分析信令流程，找出其中的异常点，可直接将故障问题较为准确地定位，大大简化查找故障点的过程，缩短排除故障时间，提高工作效率。信令跟踪可提供大量的信息，补充其他网络监控手段的不足。

6. 频谱分析仪

频谱分析仪主要用于测试信号的频域特性，包括频谱、邻信道功率、快速时域扫描、寄生辐射和互调衰减等。在网络优化中常常使用频谱分析仪进行电磁背景测试。

在进行电磁背景测试时，首先把全向小天线接到频谱仪上，进行宽频段的全方位测试。若发现有信号出现，则依据信号所在的频段，将扫描带宽降低，并适当调节参考电平、每行的幅度值及分辨率带宽，对信号进行详细分析。信号定位方式与此类似，只是将全向天线换为定向天线，通过旋转天线方位角，观察测量信号的大小，从而判断信号所在的方位。

7. 设备厂家信息采集软件

设备厂家为了监测网络设备运行，发现设备运行中存在的问题，在 RNC 和 Node B 两侧都开发了相应的软件。比较有代表性的软件有两款：LMT 和 TPC。LMT 是网络侧信息采集软件，可以配置和修改 RNC 参数，观测和记录 UE 的 Uu、Iub 和 Iu 接口信令，查看终端和 Node B 的测量值（主要包括上行和下行的 BLER、SIR、SIRTarget、时隙接收功率和发射功率），显示系统码资源使用情况。TPC 是 Node B 侧信息采集软件，可以测量和分析 Node B 物理层的主要参数，给出每个 UE 的上行 BLER、SIR、SIRTarget、接收功率和发射功率，此外还给出了每个 UE 的同步情况。

8. 其他辅助工具

其他辅助工具包括地理信息系统 GIS、全球定位仪 GPS、天馈线测试仪、误码测试仪、频率计和功率计等。

6.3.2　数据采集

数据采集方法主要包括 OMC 统计、DT、CQT 和主观感觉等。通过不同方法得到的数据，从不同方面反映网络性能。对网络进行整体性能评估时，应将多种方法配合使用。

1. OMC 统计

OMC 话务统计的作用是通过网管系统，收集和统计无线网络运行质量的关键指标（KPI）来反映网络质量。话务统计通常针对实际在网用户的网络，并需要一定时间周期作为网络质量指标统计的基础。话务统计是整个网络优化过程中最基本的优化工具，运营商通常通过 OMC 统计获取网络 KPI，来掌握无线网络的基本运行状况。

OMC 统计提供大量、不间断的网络性能数据，为网络性能评估提供了完备的数据源，是最方便、消耗资源最少的性能统计方法。OMC 可以对容量、QoS、呼叫建立时间、呼叫成功率、掉话率和呼叫质量等参量进行统计。TD－SCDMA 系统提供了 OMC 网络设备管理平台，可以对绝大部分性能指标进行统计。

2. DT 测试

DT 测试是借助仪表、测试终端及测试车辆等工具，沿特定路线进行网络参数和通话质量测定的测试形式，从实际用户的角度去感受和了解网络质量。具体方法是测试设备装载在一辆专用汽车（测试车）上，沿途软件按要求自动（或测试人员手动）拨打通话，并记录数据。记录数据包括用户所在位置、基站距离、接收信号强度、接收信号质量、越区切换地点以及邻小区状况等。在进行网络整体性能评估时，路测的范围应包括网内所有蜂窝小区和扇区，所选的测试路线要尽量多。大规模的中心城市网络可以选取有代表性的区域和环境进行测试，对有问题的区域进行重点测试。通过路测工具的测试，可以发现和定位网络问题，给出优化建议。

第 6 章　TD－SCDMA 网络优化

1）DT 测试时间

DT 测试时间建议安排在话务忙时，话务忙的判定可以参考网管话务统计。参考话务忙时为：上午 10：00 ~ 12：00，下午 16：00 ~ 19：00。

2）DT 测试"线"与"面"的选取原则

"线"即为交通道路，测试路线要求在城区之内，均匀覆盖市区主要街道。环城高速、高架桥、市区到机场公路等交通要道必须测试。

"面"即为室外成片覆盖区域，面区域选取比例：繁华商业街区取 40%，市内公园景点取 20%，成片开发的住宅区与必须保障通信畅通的重点场所取 40%。

测试路线应包括市中心密集区、市区主要干道、居民区、沿江（河）两岸、桥面和郊区等重要地方，尽量覆盖整个市区。此外，还应该包括高速公路、铁路、国道和重点公路。

测试路线应尽量避免重复，全面而合理。对用户投诉多的地方应重点测试，在测试路线上作出标记，必要时可重复测试。

3）测试内容

测试内容包括无线覆盖率、接通率、接入时间、掉话率、切换成功率、位置更新成功率、话音质量和 FTP 下载平均速率等指标。

4）路测对工程师要求

（1）工程师需充分了解测试业务。3G 网络有一套自定义的业务类型集，路测工程师在测试前必须了解所需测试的业务以及和这些业务相关的指标要求。就 3G 的业务类型而言，3GPP 中建议的 4 种业务类型有：会话业务、流业务、交互业务和背景业务。会话业务，如电话和视频会议，用于承载实时的业务流。其特点是低时延、低数据丢失率，对时延抖动敏感。流业务类型的特征与会话业务基本相似。主要区别在于，流业务类型对时延的要求更低，对带宽的要求更高。交互和背景业务类型用于传统的 Internet 应用，如 WWW、Email、Telnet、PTP 和 News 等，主要的区别在于交互型业务是双向的，而背景类型业务主要用于 Email、SMS 或文件的背景下载。

（2）工程师需定义好路测的时间和测试线路。

（3）测试设备的准备。一辆经特殊装备的车对于路测是必不可少的。在测试前，路测工程师需在测试车中将路测及配套设备安装调试好才可以开始实际路测。车内装备的测试系统主要由一台计算机、一个 GPS 接收机和一个测试手机组成。计算机用于控制手机发起呼叫、发送和接收 3G 业务。GPS 接收机用于接收卫星发送的地理位置信息。测试手机则用于接入无线网络以及收集网络信息等。测试手机的数目可以不止一个，这样可以同时进行多个测试任务。如果有两个测试手机，其中一个可以用于测试话音业务的掉话率，另一个则可以测试数据业务的吞吐量。如果路测希望了解网络的干扰情况，还可以让计算机接入第三台测试手机做扫频测试或直接让计算机接入扫频仪进行测试。测试时，手机可以放在车的后座上，由计算机控制，GPS 接收机则要放在车顶，以保证卫星信号的接收质量。另外，一般测试车上都有点烟器，在测试设备不多的情况下可以直接利用该装置供电。但如果车上安装的设备比较多时，工程师就应该考虑在车中装备大功率的稳压电源供电。除了以上描述的硬件设备外，测试当中还可以安装一些软件，如电子地图、后台处理软件和报表软件等。

5）路测方法

（1）业务测试。话音业务的测试可以通过在笔记本上安装的前端数据采集软件控制测试手机在空闲、拨打模式下来完成。其结构示意图如图 6-7 所示。

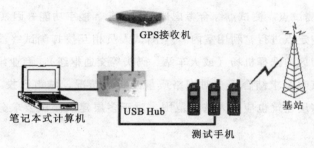

图 6-7　话音业务测试图

语音业务路测测试的具体内容可以分为 3 类：测量指标，性能指标，统计指标。

（2）数据业务的测试。数据业务的测试是进行一些数据业务应用程序的测试，如 WWW、Email、FTP。在数据连接的测试手机端，配置一台笔记本电脑安装前端数据采集软件控制测试手机发起数据业务的应用请求。

在数据连接的网络端，如图 6-8 所示，建立几台独立的服务器（一般为 Linux 服务器），如：SP Server，FTP Server 用于接收无线数据业务请求。

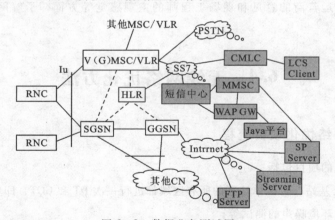

图 6-8　数据业务测试图

数据业务路测测试的内容可以分为四类：测量指标、性能指标、统计指标、Qos 指标。

3. CQT 测试

CQT（Call Quality Test）测试是在城市中选择多个测试点，在每个点进行一定数量的呼叫，通过呼叫接通情况及测试者对业务质量的评估，分析网络运行质量和存在的问题。具体方法是利用测试终端或数据终端在指定地点进行业务呼叫测试，并记录呼叫接通情况、通话的话音质量情况、数据业务的吞吐量、接收电平的高低、切换及掉话情况等。CQT 测试要求如下：

（1）测试时间建议安排在话务忙时，参考话务忙时为：上午 10：00～12：00，下午 16：00～19：00。

（2）室内 CQT 测试选点原则：大型城市宜选 50 个测试点，中型城市宜选 30 个测试点，小型城市宜选 20 个测试点。测试点综合考虑地理、话务、楼宇功能等因素。

CQT 测试在室内定点进行，利用室内 CQT 测试人员相互拨打测试终端的方法完成。室内 CQT 测试点要求：市区内选择机场（或火车站、码头等交通枢纽）、商业娱乐中心、宾馆等高话务密度地区，选点时要求结合用户对网络质量的投诉情况，城市已投入使用的最高建筑、最大的商业中心等多层建筑也应列入选点范围。对于多层建筑测试要求分顶楼、楼中部、底层三部分进行测试。

（3）拨打要求，定点 CQT 测试人员在每个测试点的不同位置做主叫 10 次，每次通话时长不得少于 30 s，呼叫间隔大约掌握在 10 s 左右。出现未接通的现象，下次呼叫间隔 15 s 以后开始测试。在主叫拨测前，要求查看终端空闲状态下的信号强度，若信号强度平均值小于 −95 dBm，则判定在该测试位置覆盖不符合测试要求，不再进行拨测。

相对于 OMC 统计和 DT，CQT 最接近终端用户的感受，并且可以在不同系统、不同厂家设备之间采用同样的测试准则，进行横向评估。

4. 主观感觉

从用户投诉、运营商的意见和现场工程师的主观感觉等方面，了解网络中可能存在的问题。

6.4　无线网络优化方法

6.4.1　无线网络优化项目流程

无线网路优化的项目包括：

（1）开通一个基站，对该单站下的所有区域都进行一次 DT 和 CQT，即单站优化，主要是基站设备的排障，环境噪声的测试等；

（2）每连片五到六个基站，进行一次区域性优化测试，包括 DT&CQT、覆盖分析、干扰分析、切换分析、网络性能评估、通话质量分析等；

（3）单个 RNC 下基站进行集中测试；

（4）RNC 之间区域进行单独测试；

（5）全网建设起来后，集中进行 DT 和 CQT，将网络下所有行车区域都进行优化，即全网优化；

（6）最后重点优化问题区域和之前有基站故障现已解决的区域。

6.4.2 无线网络优化项目组织结构

无线网络优化组织结构图如图6-9所示。

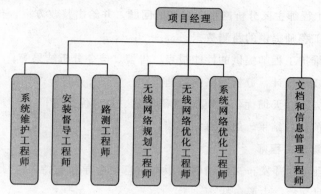

图6-9 无线网络优化组织结构

1. 项目经理

项目经理是工程项目的责任人,在整个工程网络优化过程中,项目经理起到了很关键的作用,主要包括以下内容:

(1) 负责项目计划制订、项目进度安排、项目内部资源调动、技术指导等;

(2) 对于项目外,项目经理则是整个项目团队的接口人,要和局方相关人员充分沟通、协调,使得项目的工作和成果得到局方充分认可;

(3) 保证项目的正常实施。

2. 系统维护工程师

系统维护工程师负责维护网络中各个设备网元,包括:

(1) 收集设备告警信息;

(2) 性能统计报表收集;

(3) Iu、Iub 信令监测和分析;

(4) 协调路测工程师分析测试;

(5) 根据无线网络优化工程师的建议修改 RNC 侧配置数据。

3. 安装督导工程师

安装督导工程师主要负责天馈的调整,具体包括:

(1) 无线设备、天馈系统硬件勘察;

(2) 协调路测工程师测试;

(3) 根据无线网络优化工程师的建议调整天馈系统。

4. 路测工程师

路测工程师主要负责以下内容:

(1) DT 测试;

(2) CQT 测试;

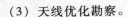

（3）天线优化勘察。

5. 网络优化分析工程师

网络优化分析工程师主要分析网络中存在的问题，并给出整改方案，包括：

（1）分析路测工程师提供的路测数据；

（2）分析系统维护工程师提供的性能报表、告警、信令分析结果等；

（3）结合网络规划设计，分析网络的问题所在；

（4）给出优化方案：天馈优化、频点/扰码优化、算法优化等；

（5）对比优化前后的结果，给出总结文档。

6. 文档和信息管理工程师

文档和信息管理工程师发布文档和软件版本信息，指导和支持工程项目实施过程中文档工作，整理存档项目文档，主要包括：

（1）收集无线网络优化各个阶段的报告；

（2）整理文档，并存档；

（3）整理无线网络优化的案例。

6.5 无线网络优化中的常见问题及解决方法

实际网络中发生的问题和现象是多种多样，变化万千的，这些问题可能是一种或多种原因造成的，这就要求我们在实际解决网络问题时能够针对各种问题和现象进行分析、总结和归纳，尽量找出产生问题的主要原因，并采取相应的有力措施解决问题。在本节中我们列出了一些网络比较常见的问题，并针对每个问题给出分析的过程及一般的解决方法。

6.5.1 频率问题

网络的频率干扰可能来自于两个方面，一是系统的内部干扰，一是外部干扰。内部干扰是由于网络规划的不准确性、网络运行环境的变化、工程维护中失误造成的相邻小区的频率干扰较大，从而影响掉话率、接通率、越区切换等指标，并进一步影响话音质量。随着网络的不断发展、扩容，频率干扰问题在很多地区均不同程度的存在，对整个网络的服务质量的影响也是非常巨大的，因此应引起网络优化人员的特别注意和重视。

1. 分析

存在比较严重的频率干扰地区，从网络指标而言，一般会表现为整个地区的网络质量普遍不高，掉话率、切换成功率、无线接通率、阻塞率等指标均相对不好，话音质量差；从路测结果基本也可以发现相同的结果，分析通话时的信号质量和电平，可以发现信号的电平较高，但信号质量却呈现不相称的较差现象。另外对于系统的内部干扰，我们还可以通过网络仿真平台对这个地区的同频干扰情况进行分析，从而确认频率干扰的存在、干扰源的位置和影响的大小范围，为解决这个问题提供依据。

2. 解决方案

当我们发现网络可能会存在干扰时，应该首先通过仿真、分析等手段确定干扰是来自于内部还是外部。对于外部干扰，应该到现场通过扫频工具找出干扰源并进行排除。对于内部干扰，通过网络仿真平台我们可以找出那些成为干扰源的小区，确定造成干扰的原因。造成干扰的原因一般有：基站位置不合理、天线参数不合理（高度、倾角等）、基站功率设置不合理和频率设置不合理等。进而可以采取降低功率、调整天线和频率优化等手段进行优化，从而减少频率干扰，提高网络质量。在进行调整之前，应首先对系统进行仿真，以确保方案的正确性和准确性。

6.5.2 覆盖问题

覆盖问题指的是由于网络规划或地理因素的原因造成的小区的可通话范围不当。一般有覆盖区过大和覆盖区过小两种情况。根据周围小区的情况又可分为孤岛型覆盖、越区覆盖和连续覆盖的情况，如图 6-10 所示。

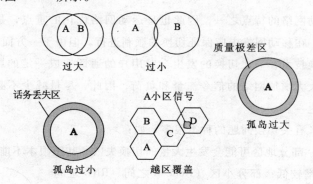

图 6-10 孤岛覆盖及越区覆盖

1. 分析

覆盖区过大或过小问题：覆盖区过大、过小的现象一般可以通过电平测试发现。当覆盖区过大时，可能会造成频繁切换等现象，严重时会造成较大的相互干扰，影响网络的指标。当覆盖区过小时，一般会造成掉话率较高、切换成功率较低等现象。

孤岛覆盖过大或过小问题：一般可以通过电平测试发现。覆盖区过大一般会造成掉话率较高、切换失败较多、接通率较低、话音质量不好等现象。覆盖区过小一般会造成有大量用户投诉、掉话率较高。

越区覆盖：越区覆盖的情况一般比较难以发现，即使进行路测，可能也发现不了，通过在 OMC 对小区中发生呼叫的 TA 值进行统计，若 TA 值的分布呈现有大量异常大的 TA 值出现，则表明该小区存在越区覆盖现象。另一个发现越区覆盖现象的方法是对系统进行仿真。越区覆盖造成的现象主要有掉话率高和越区切换失败率较高等。

2. 解决方案

覆盖区过大或孤岛覆盖过大主要是由基站功率过大、天线高度过高、倾角不足等原因造

第 6 章 TD-SCDMA 网络优化

成的。根据勘察结果，可以采取相应措施进行修正。简单的修改最小接入电平也可起到一些的效果，但在造成干扰的情况下，建议还是减少物理的信号强度和覆盖范围。

覆盖区过小或孤岛覆盖过小主要是由于基站功率过小、天线高度过低、倾角太小、建筑物阻挡等原因造成的。根据勘察结果，可以采取相应措施进行修正。在以上方案难以实施时，也可以通过降低最小接入电平、加大无线链路超时等方法进行改善。

越区覆盖的原因主要是由于天线性能不好、高度过高、倾角不足等原因造成的。根据勘察结果可以采取相应措施进行修正。在以上方案难以实施时，可以采用增加相邻小区的方法进行改善。

当采取增加基站功率、调整天线角度、高度、倾角等方法时，应首先对系统进行仿真，以确保方案的正确性和准确性。

6.5.3 切换问题

切换是蜂窝移动网络的特点之一，因此也是运动网络优化的重点，是保证服务质量的重要环节。一般而言，在移动网络中应保证切换的顺利进行，但由于一方面在 TD – SCDMA 系统中采用的是接力切换技术，一次切换的发生会对用户的通话造成一定的影响；另一方面大量的切换发生，势必大大增加网络的信令流量和负荷，因此，尽量减少不必要的切换同样是网络优化的重要课题之一。

在实际网络中，有关切换问题的种类很多，如：

（1）切换失败：部分地区可能会发生大量的切换失败，甚至根本不能成功；

（2）切换成功率较低：部分小区（Node B 之间、RNC 之间等）甚至全网的切换成功率较低；

（3）不合理切换：很多情况下，会存在不合理切换现象，如图 6 – 11 所示。当用户从 A 小区向 B 小区移动时，先从 A 切换到 C 再切换到 B；

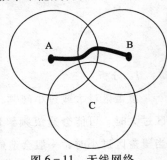

图 6 – 11 无线网络
不合理切换

（4）频繁切换：一次通话过程中在短时间内，会发生大量的切换，这种切换往往是在几个小区之间频繁相互进行；

（5）乒乓切换：这是频繁切换的一种特例，在两个小区之间发生的频繁切换；

（6）其他与切换有关的问题还有切换时的噪声太大、切换引起掉话等。

1. 分析

切换问题一般是比较容易发现的，通过对 OMC 数据和路测结果进行分析，一般就可以较好地找出切换上存在的问题和位置。另外对信令进行统计分析也是非常有效的发现问题和对问题进行定位的手段。

2. 解决方案

造成切换问题的原因很多。在实际网优过程中，应该据情况对各种数据进行综合分析，从而找出造成切换问题的最主要原因。一般情况下，造成切换问题的原因主要有以下方面：

1）切换失败的原因

（1）设备性能问题（包括天馈部分）：主要是设备的射频部分的性能问题。

（2）邻小区设置不当：未设置相应的邻区关系或参数设置错误。

（3）覆盖不够：当准备进行切换时，通信质量已经不能保证切换的正常进行。

（4）干扰较大：较大的干扰可能导致大量的无线链路误码，降低对切换接入译码的成功率。

2）切换成功率较低的原因：

（1）网络的干扰较大造成网络的平均质量下降。

（2）RNC 中的一些有关切换的参数设置不当。

（3）有线网络中的一些链路问题（如配置错误、负荷不均、误码等）和参数设置问题（如定时器等）同样会造成 RNC 之间、Node B 之间的一些切换问题。

3）不合理切换的原因

（1）由于未进行仔细的现场测试，造成切换参数（如切换门限、优先级等）设置不当。

（2）某两个相邻小区之间的未设置切换关系，导致切换需要通过第三个小区迂回进行。

4）频繁切换的原因

（1）主控小区不明显，导致某些区域各个小区的信号电平相当。

（2）覆盖不好，导致切换到目标小区后，很快又因为紧急原因发生切换，最终很可能导致掉话。

（3）相邻小区的切换参数配置不匹配，导致频繁切换。

需要注意的是，当网络存在多家厂商的设备时，由于各个厂商的切换算法不尽相同，网优人员应特别注意深入理解厂商的切换算法、参数，以保证不同厂商设备之间的切换能够顺利进行。这种切换算法或参数上的不匹配，最容易导致网络的切换问题，影响网络指标。在对问题的原因定位后，网优人员可以采取相应的措施解决问题。

6.5.4 其他问题

除了上述几个主要问题之外，网络中比较普遍存在的问题还有：

1. 话音质量问题

话音质量上一般存在问题有单通、双方无话音、串话和话音质量差等。其中造成单通、双方无话音和串话的大多数原因均是设备问题或者设备的配置问题；造成话音质量较差的原因主要是覆盖或者干扰原因。

2. 接通率低

接通率低也是网络中较为普遍的问题，同时涉及面非常广。在解决接通率问题时，应首先将整网的接通率进行分段考察，以确定问题的所在。当发现整网的接通率较低时，首先应考察无线网络的接通率情况，再观察有线网络的出入中继接通率。若是无线网络存在问题，其主要原因一般是网络负荷过大、干扰大、覆盖较差，也可能是设备问题或参数设置不当。

第 6 章 TD-SCDMA 网络优化

若是有线网络存在问题，则应就有线网络的链路负荷、配置、定时器等局端数据进行检查，必要时应进行信令跟踪和统计分析。

3. 掉话率高

造成掉话率高的主要原因有缺乏适当的切换关系、覆盖不好、干扰大或由于地形地物的影响造成的信号衰落等。

在网络优化工作中，还会经常遇到许多各种各样的问题，存在各种各样的现象和组合。针对这些现象，网优人员应综合分析、互相印证、对比，找出造成网络问题的最根本的症结所在，在根据实际情况，采取有效的优化手段，提高网络质量，最大限度地发挥设备的能力。

练　习

一、填空题

1. 无线网络优化过程中，发现问题的 3 个主要手段为_____、_____和_____。

2. 随着工程地不断深入，无线网络优化的项目一般包括 _____、_____、_____、_____。

3. 传输信道的误块率指标主要是考虑_____的情况，还体现了网络的_____状况，是网络规划质量的一个间接反映指标。

二、简答题

1. 什么是无线网络优化？

2. 路测过程中需要使用哪些工具？

3. 无线网络优化测试中常用到哪些工具？

第7章

→ **3G 移动通信系统业务**

7.1 移动通信业务的分类

移动通信系统业务分为基本业务、补充业务、增值业务三大类，基本业务是指利用基本的通信网络资源即可向用户提供的通信业务，如图 7-1 所示。

（1）基本电信业务（Teleservice）：电信业务为用户通信提供的，包括终端设备功能在内的完整信息表达能力（高层能力）。如语音电话业务、紧急呼叫、MO-SMS、MT-SMS 等。

（2）基本承载业务（Bearer Service）：承载业务提供用户接入点间信号传输的能力（低层能力），如电路承载、分组承载。

（3）其他基本业务：如呼叫限制功能（Operator Determined Barring，ODB）业务、基于非结构化补充数据业务（Unstructured Supplementary Service Date，USSD）的业务、区域签约限制业务等。

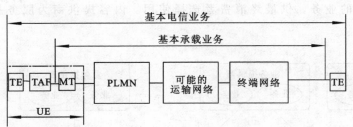

UE: User Equipment (用户设备)
MT: Mobile Termination (移动终端)
TE: Terminal Equipment (终端设备)
TAF: Terminal Adaption Function (终端适配功能)

图 7-1 电信业务与承载业务

电信业务提供用户端到端的通信业务。网络端需要读取数据中的控制信息才能对其实施控制。承载业务表示基本的通信性质的术语，含义是在通信时，不了解通信内容，只是将数据作为比特流进行传输的性质。

电信业务可以处理 1 层～7 层的所有业务，而承载业务只处理 1 层～3 层的低层业务。电信业务只能应用 CCITT 推荐的一个（或者少数几个）承载能力。应该注意的是：对给定的电信业务，如果有几个承载能力可以应用，则电信业务提供者应该负责提供网络间互通功能。然而，用户如果使用未被推荐的承载能力而兼容该电信业务的终端，网络是不会禁止的。

承载业务其实是提供接入点之间的信息交换能力，并且只有低层（1～3）功能。用户可以选择高层协议的任意一个集合，而网络不会保证用户间的高层能力。

补充业务是指利用基本的通信网络资源、但不能单独提供而必须和基本业务一起向用户提供的业务。如主叫号码识别、无条件呼转、遇忙呼转、呼叫等待、呼叫限制以及多方通话等等。

增值业务是指利用基本的通信网络资源、相关的业务平台资源以及 SP/CP 资源，能够独立向用户提供的业务，如 VPMN、随 E 行、视频点播、手机钱包等。

在本课程中，如果无特殊说明，移动通信业务定义为移动通信运营商为有移动通信需求的消费者提供的移动通信服务种类/服务能力。这种定义可能会区别于运营商的业务名称，例如在进行 2G 业务介绍时候，会涉及到 MMS（Multimedia Messaging Service）多媒体消息业务。中国移动称呼这种业务为彩信，而中国联通称为彩 E。

7.2　移动通信的业务模型

移动通信的业务模型如图 7－2 所示，该模型包括最终消费者（End User），运营商（Carrier Provider），服务提供商（Service Provider）和业务提供商（Content Provider）。运营商负责提供网络服务平台，也就是为业务的实现提供公共平台建设及核心网和无线接入网设备的维护等移动通信网络基础设施。服务提供商是在运营商运营的网络基础上，开发运营合适的业务，供最终消费者选择使用。内容提供商为服务提供商提供业务内容。

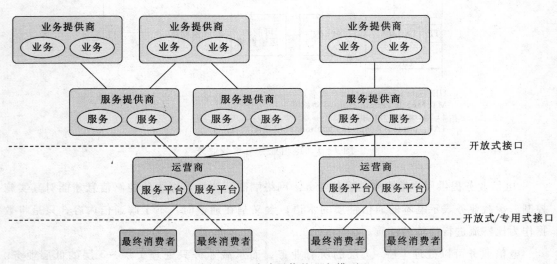

图 7－2　移动通信的业务模型

运营商要建立和维护移动通信网的基础设施，发展用户。运营商的网络是整个业务模型的基础。SP/CP 的业务是要构建在运营商的基础网络之上的。换句话说，运营商网络采用的技术标准决定了 SP/CP 的业务类型。如果运营商的网络是 2G 的，那么该运营商只能在其 2G 的网络商提供适合 2G 技术标准的业务。SP/CP 也只能开发适合 2G 技术标准的业务。

再来看看收入流的情况。最终消费者由于使用移动通信的服务/业务，所以会向其归属的运营商缴纳相应的费用，这就是运营商的业务收入。对于那些和 SP/CP 相关的业务收入，也是由运营商向最终用户收取后，再与 SP/CP 进行分配。

7.2.1 典型的业务实现模型

下面来介绍几个典型的业务实现模型。主要是对语音电话，手机上网，服务定制，短信业务等业务实现模型的介绍。

1. 语音电话

A 用户（13901234567）呼叫 B 用户（010 - 87654321）的业务实现模型如图 7 - 3 所示。

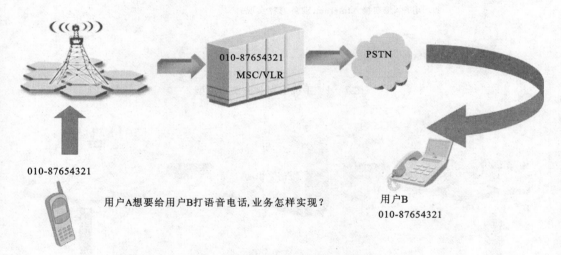

图 7 - 3　语音电话业务实现模型

A 用户的呼叫经过无线接入网接入核心网处理。核心网对被叫号码进行分析后，发现是 PSTN 号码，所以将本次呼叫送入 PSTN 进行处理。PSTN 网络将呼叫送至最终被叫用户 B，从而完成从 A 到 B 的语音呼叫。

2. 手机上网

A 用户使用手机上网服务。其业务实现模型如图 7-4 所示。

用户 A 首先发起接入 Internet 请求。如果核心网的 PS 域响应该请求，则将用户 A 发起的接入请求的地址解析成真正的 IP 地址，通过 Internet 向该地址发起连接请求。如果该地址允许访问，则建立起 UE 和 Internet 的连接。

3. 短消息

短消息业务是一种存储转发业务，分为收/发两个过程，如图7-5所示。用户 A 给用户 B（13901234567）发送短消息，用户 A 通过无线接入网和核心网将短消息提交到短信中心后，该短消息在短信中心存储。下发时对用户 B 进行寻址，并由短信中心转发给用户 B。

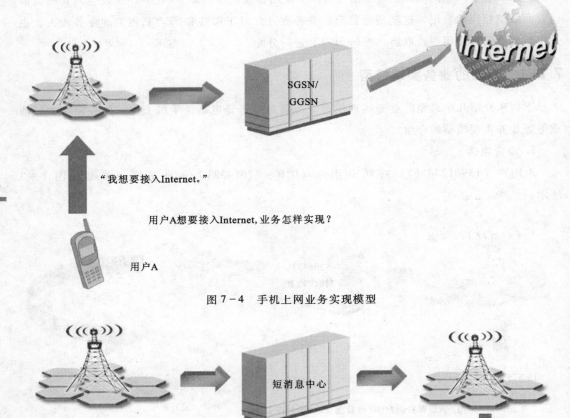

图7-4　手机上网业务实现模型

图7-5　短消息业务实现模型

4. 定制 SP 服务

用户 A（13901234567）想定制某个 SP 的服务。用户 A 发送个定制请求给该 SP。这个请求可能是短信，可能是声讯电话，可能是通过手机上网或者其他方式告知该 SP。该 SP 将存储用户 A 的定制请求，同时生成定制业务，并将该定制业务提供给用户 A 过程如图7-6所示。

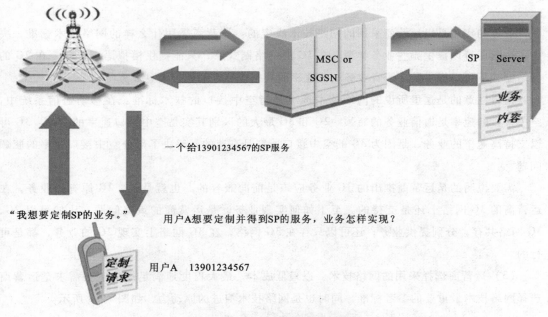

一个给13901234567的SP服务

"我想要定制SP的业务。"   用户A想要定制并得到SP的服务，业务怎样实现？

用户A   13901234567

图 7-6   定制 SP 服务实现模型

7.2.2   业务实现模型引出的问题和结论

1. 运营商在用户的业务实现中的作用

（1）基础网络：运营商要提供一个网络来承载用户的业务。这个网络可能采用是 2G（GSM）的，也可能是 3G（TD-SCDMA）的技术标准。

（2）业务开发：运营商要在运营的网络上开发用户所需要的各种业务。当然，业务的开发是基于运营商所采用的网络技术标准。例如在 1G 的网络上，运营商无法开发数据类业务。

2. 用户使用运营商提供的业务的条件

（1）用户是否向运营商申请了该业务的使用权限。如果用户没有向运营商申请开通短消息业务，就不能使用短消息业务。

（2）用户使用的终端是否支持该业务能力。如果用户的终端没有短消息功能，就不能使用短消息业务。

只有用户向运营商申请开通了业务的使用权限，而且用户终端也支持该业务能力，才能使用该业务的服务。例如：用户必须向运营商申请短消息的使用权限，同时用户使用的终端支持短消息功能，用户才能够使用短消息业务，如图 7-7 所示。

图 7-7   用户使用运营商业务的条件

业务的实现是以运营商采用的网络技术决定的。运营商采用什么样的网络技术标准，决定了运营商可以提供哪些业务类型。在 1G 的网络制式下，只能提供模拟语音业务；在 2G 的网络制式下可以提供数字语音业务，低速率的数据业务，例如短消息业务等。

值得注意的是这里所说的网络技术标准是指空中接口的技术标准。在移动通信系统中，空中接口的速率是通信业务的瓶颈。2G 和 3G 最大的区别其实是空中接口速率的变化。3G 可以支持高速率的业务，是因为 3G 的空中接口速率是高速的，解决了部分空中接口速率的瓶颈问题。

需要说明的是运营商推出的 3G 业务应该是前向兼容的。也就是说，2G 原有的业务，在运营商的 3G 网络上还是支持的。至于如何实现业务，是运营商的策略问题。比如可以 2G，3G 网络共存，分别提供业务；还可以只存在 3G 网络，在 3G 网络上实现 2G 的业务，都是可行的。

（3）运营商选择采用的网络技术。以最低成本，最大程度地满足用户业务需求是运营商选择网络技术最重要的参考标准，同时也是网络技术演进的原动力，如图 7－8 所示。

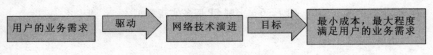

图 7－8　运营商网络技术的选择

7.3　移动通信技术的发展

移动通信技术发展迅速，到目前已经经历了三代。习惯上以"代"的概念来对移动通信技术来进行划分，如图 7－9 所示。

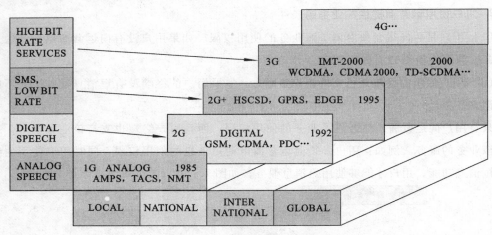

图 7－9　移动通信技术的发展

第一代（1G）采用模拟技术，只能提供模拟语音电话业务，并且模拟系统存在天生缺陷，比如：手机终端庞大，安全性不高，通信质量不好等。更重要的是，由于 1G 系统制式众多，各个国家和地区采用的制式不统一，所以对用户的漫游带来很大的不方便。

由于社会的发展进步，人们对移动通信中数据业务的需求越来越渴望。同时，随着国际间人员的交流增加，漫游困难越来越成为急需解决的问题。2G 系统的出现部分解决了以上问题。GSM 和 CDMA（IS－95）是 2G 两个具有代表性的技术，成为 2G 的主流技术。它们都提供低速率的数据业务。尤其是 GSM，在 2G 的市场份额超过 75%，这就意味着，如果用户拥有一部 GSM 手机和一张 SIM 卡，从技术上来说，几乎可以在全世界自动漫游而无须更换手机终端。

解决了漫游问题和满足了较低速率数据业务需求的问题，人们又对移动通信网络提出了更高的要求：满足对较高速率数据的业务需求。在 2G 网络基础上，又添加了一些设备，比如 PSU、SGSN、GGSN 来满足对较高数据业务的需求。对更高速率数据业务的需求，促使了 3G 技术应运而生。ITU－T（国际电信联盟远程通信标准化组织）推荐的 3G 技术有三个主流标准：W－CDMA，CDMA2000 和 TD－SCDMA。

由图 7－10 可知，与 2G 网络相比，3G 网络的目标在于提供适合多媒体应用的，具有灵活的容量配置，高 QoS 等级，高比特速率的业务。对承载业务的具体要求可通过分析用户和应用来获得。

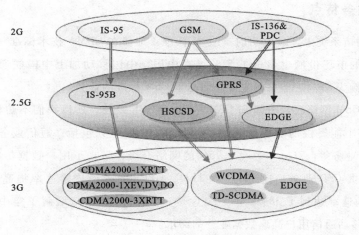

图 7－10　2G 到 3G 的演进

3G 数据业务针对不同消费人群的消费数据业务类型和业务内容不同，发展 3G 应研究细分 3G 业务市场，培育多种形式的、多种内容的、面向不同消费群体的数据业务应用。

从图 7－11 可以看出，移动通信业务的发展与移动通信技术的发展是具有相同的代际划分的。在 1G 技术下，只能提供模拟语音服务。在 2G、2.5G 技术上，可以提供短信息，E－MAIL 等文本信息服务，以及一些低速率，低质量的数据业务。而在 3G 技术上，可以提供视频，电子商务等服务。

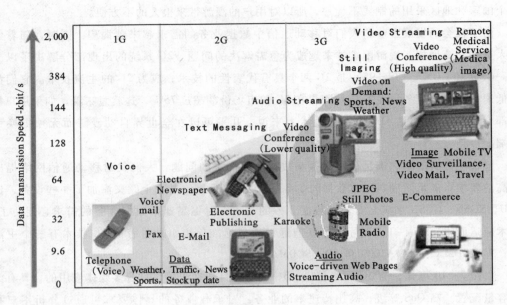

图 7-11　移动通信业务的发展

7.3.1　2G 业务特点

在 2G 移动通信系统中，最成功的是 GSM 标准。即使在 CDMA 技术标准（IS-95）的发源地美国，GSM 的市场份额也超过了 51%。在中国，中国移动加上中国联通两个运营商在GSM 上的市场份额为 89%。本书将主要介绍基于 GSM 标准的业务。

由于现在的 GSM 网络已经升级到 GSM/GPRS/EDGE 网络，所以我们不妨将可以在 GSM/GPRS/EDGE 网络上能提供的业务统称为 2G 业务。这些业务包括：短信业务、GPRS 业务、CSD 业务、USSD 业务等。2G、2.5G、2.75G 的网络升级，带来了用户数据传输速率的提高。GSM 网络只能提供 CSD 业务，速率为 9.6 kbps，GPRS 的理论传输速率提高到 171.2 kbps，EDGE 的理论传输速率达到了 384 kbps。从 GSM - GPRS - EDGE，缓解了空中接口的瓶颈问题，部分满足了移动通信用户高速数据业务的需求。

1. GPRS CSD 业务

运营商在 GPRS 和 CSD 业务上，为满足不同用户的需求，开发出各种差异化的业务。比如，中国移动推出的随 E 行业务，为商务人士提供无线上网服务。这种随 E 行业务承载在GPRS 网络上。其实用户使用的是 GPRS 业务。与普通 GPRS 业务不同的是，中国移动为用户提供 GPRS 无线网卡代替用户终端（手机），用户将 GPRS 无线网卡插入笔记本 PCI 插槽中使用。使用 GPRS 和 CSD 技术的业务统称为 GPRS/CSD 业务。属于 GPRS 业务的还有 MMS、WAP、Web browser 等。

2. 2G 到 3G 的业务演进

2G 网络和 3G 网络最大的变化是空中接口传输速率的变化，而有线的网络功能并没有太大变化。所以 2G 与无线网络无关的业务是完全可以移植到 3G 网络中。比如说彩铃业务，它不是移动通信特有的业务类型，只要交换网络支持彩铃功能，用户就可以使用该业务，而与用户终端和无线网络无关。

与无线网络相关的业务，由于空中接口的宽带化，能够在 3G 网络上更好的实现。比如说手机上网，由于空中接口传输速率的提高，手机上网将更加快捷、高速。同时，原来在 2G 时代手机上网不能保证 Qos 的业务，比如说手机游戏，手机电视等将迎来发展时期。

7.3.2　3G 业务特点

按照用户的生活状态划分，可以将 3G 业务划分为 5 大类：通信类、消息类、交易类、娱乐类、效率应用类。

1. 通信类

通信类的业务主要有语音电话，可视电话，移动可视会议，移动电子邮件（E-Mail、V-Mail（视频邮件）、A-Mail（音频邮件）），即时信息（即时消息、移动 ICQ），统一消息业务，点对点 SMS，点对点 MMS，Web 浏览，文件下载等。

2. 信息内容类

信息内容类的业务主要有新闻类信息（新闻、交通信息、天气预报、股票信息、体育新闻、城市信息等），位置信息服务（城市交通、紧急求助、城市地图/移动黄页、车辆跟踪/防盗、幼儿追踪），个性化定制/门户服务移动广告等。

3. 交易类

交易类的业务主要有电子钱包，移动支付（小额支付、大额支付），移动银行，移动证券，移动保险，移动博彩，移动拍卖，信用卡费用查询，移动订票等。

4. 娱乐类

娱乐类的业务主要有 Stream Media（VOD、AOD），个性化 LOGO 下载，个性化铃声下载，音乐下载和播放，网络游戏。

5. 效率应用类

效率应用类的业务主要有 PIM（个人信息管理），个性化首页（My Menu），移动办公（移动群件、移动公告、企业接入、协同办公），企业信息公布，移动企业资源调配。

总之，话音业务占主流、增值业务大发展、数据业务集中在行业应用。在可以预见的将来，业务模型中，还是语音业务占主流。由于 3G 相比 2G 提供了较高的频谱利用率，网络设备的成本也有下降，所以 3G 的业务成本将类似于 2G，甚至可能低于现有的 2G。各类业务的特点：

（1）通信类业务主要是即兴的业务，网上信息具有随意性和不确定性。该类业务的发展前景完全取决于社会的整体发展以及对相互通信的需求。

（2）交易类业务与商务有关，因此与银行等金融行业、产品生产和销售行业的参与非常相关，该类业务发展关键因素在于金融安全制度、信用制度等电子商务方面制度的建立，与国家电子商务的发展保持一致。

（3）内容类业务涉及的行业最广泛，也是电信行业外企业介入移动增值业务领域最容易的一环，参与者以现有的传统媒体和内容生产者为主，包括报纸杂志、电视电影、网站、教育机构等。该类业务的发展取决于这些行业的参与程度，因此在管制政策上最需要扶持和促进。同时传统的移动通信运营商在这方面所起的作用和价值链上的地位会逐步下降。

（4）娱乐类业务从用户个人的兴趣出发，涵盖了各种日常生活中能够从移动通信中获得各种娱乐服务，如游戏、音乐、视频等。

（5）效率应用类业务是指能够为个人在生活和工作的过程中，或者企业在经营运作中提高办事速度和工作效率的服务。

根据通信方式的不同可以把业务分成 4 类：会话类业务、交互类业务、流媒体业务、背景类业务，如表 7 - 1 所示。

表 7 - 1　四类业务介绍

业务类型	会话类（Conversational）	流类（Streaming）	交互类（Interactive）	背景类（Background）
基本特点	实时性要求严格；信息单元之间要保持时间相关性	实时性；信息单元之间要保持时间相关性	响应模式；保证传输数据的完整性和正确性	保证传输数据的完整性和正确性
应用举例	AMR 语音，可视电话	流媒体	Web 浏览，数据库检索，网络游戏	E - mail，SMS，下载数据

1. 流媒体业务

根据流媒体持续时间的长短，流媒体业务可分为长流媒体业务与短流媒体业务两大类；根据同时使用同一流媒体内容的人数多少，可分为群组流媒体业务与个人流媒体业务；根据人们对流媒体业务的接受主动性，可分为广播式流媒体业务和交互式流媒体业务。长流媒体业务在很长一段时间内占用较多信道资源，资费水平相对较高，个人消费者难以承受其高资费价格；交互式流媒体业务用于满足个人消费者具有个性化特征的需求，短流媒体业务易于满足消费者个性化需求，资费相对较低。短流媒体业务、个人流媒体业务与交互式流媒体业务具有天然的统一性。长流媒体业务、群组流媒体业务与广播式流媒体业务相一致，适于向群组用户提供广播式服务。

2. 交互类与背景类业务

通过 3G 网络提供交互类与背景类业务，能够满足随时随地移动中的通信需求，且其接入网建设简单。交互类与背景类业务要求在一定时间范围内获取服务响应与完成服务提供（背景类业务响应时延要求相对较为宽松），且数据传输的 BER 较低。室外环境下无线信道环境恶劣，3G 系统难以同时满足大数据量的交互类与背景类业务的服务响应时间要求与低 BER 要求，仅能承载少数据量的交互类与背景类业务，通过多次重传或降低传输速率的方法满足服务响应时间要求与低 BER 要求。室内环境下，数据传输速率较高，3G 系统能够承载大数据量的交互类与背景类业务，满足其低 BER 要求和服务响应时间要求。

交互类与背景类业务应用种类繁多，对不同的消费群体其应用业务类型不同，具有典型的个性化特征，是 3G 数据业务的主要应用类型。GPRS/CDMA 1X 网络能够承载少数据量的交互类与背景类业务。数据业务是 3G 业务的主要应用类型，是 3G 业务区别于传统语音业务的重要方面。但是语音通信始终是 3G 乃至后续移动通信系统的基本业务应用，而 3G 数据业务应用重点在于个人交互式短流媒体业务、交互类业务与背景类业务，三类业务均具有面向个人需求的个性化特征。

由于空中接口的宽带化，如果运营商或者 SP 能够开发出受移动通信用户欢迎的应用业务，增值业务将迎来大发展的时期。用户对增值业务的使用将更加便捷和高速，而且由于成本的降低，资费的降低将更有助于增值业务的发展。

高速的数据业务和位置信息服务是 3G 的主要应用。相比于 2G，3G 的高速数据业务速率将能达到 2 Mbit/s 以上，位置信息服务将更加精确。视频电话移动电视、手机游戏将是业务亮点。由于空中接口的宽带化，所以原来受限于传输速率和成本的行业应用将可能更好的服务行业用户，为用户提供更优质，成本更低的通信解决方案。

7.4 3G 典型业务

7.4.1 短消息业务

短消息作为信令在网络中的传输，采取存储转发方式。如果没有短消息中心 SMC，消息将会丢失。因此网络需要一个这样的设备负责保存消息（传输失败的消息），等待下一个周期下发。SMC 保证短消息不会被丢失，其运作过程如图 7 - 12 所示。

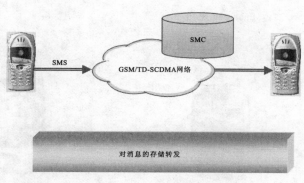

图 7 - 12 短消息业务

短信业务是一种存储－转发业务。收发分为两个过程。用户将编写好的内容和对方号码通过网络发送到归属的短消息中心。如果能成功提交到短信中心，则由该短信中心存储，再由该短信中心依据情况进行下发。

短消息业务分为几个类型：点对点的短消息，小区广播短消息，用户服务定制短消息等。

（1）点对点短消息是个人用户间的短消息。通信的双方都是个人移动通信用户。点对点短消息在中国获得了巨大的成功。

（2）小区广播短消息业务是移动电信业务短消息服务中的一种，它由小区广播中心按照一定方式收集信息，对特定区域里的所有接收者按照给定频率和次数发送短消息。

小区广播短消息可以做为一种商业模式，将有用的信息发送给真正的目标客户。

（3）用户服务定制短消息是指用户可以通过发送短信到指定端口号码开通相应的服务。SP/CP 依据用户定制的服务，为用户提供相应业务。

7.4.2 MMS 业务

多媒体短信息业务（Multimedia Messaging Service，MMS），中文意为多媒体短信服务，它最大的特色就是支持多媒体功能，如图 7-13 所示。多媒体信息使具有功能全面的内容和信息得以传递，这些信息包括图像、音频信息、视频信息、数据以及文本等多媒体信息，可以支持语音、因特网浏览、电子邮件、会议电视等多种高速数据业务，在 GPRS 网络的支持下，以 WAP 无线应用协议为载体传送视频片段、图片、声音和文字。多媒体信息业务可实现即时的手机端到端、手机终端到互联网或互联网到手机终端的多媒体信息传送。

MMS 信息是以标准方式压缩的，因此接收一方可以确认它支持的内容格式，并以控制方式进行处置，这也是互联网上解决内容交互问题所用的方法。MMS 标准推荐支持的媒体类型有：JPEG、GIF、TEXT、AMR 语音和其他一些非主流格式。

Multimedia

Messaging Services

图片
音频
视频图像

Enhanced SMS

图片
铃声

SMS

文本

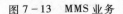

图 7-13 MMS 业务

MMS 在概念上与 SMS 非常相似，可以理解为 SMS 向多媒体的演进。但与 SMS 不同的是，MMS 对于信息内容的大小或复杂性几乎没有任何限制。MMS 不但可以传输文字短信，还可以传送图像、影像和音频，因此，MMS 带来最大的变化是各运营商可发展更多元化的移动通信服务。MMS 既可收发多媒体短信，还可以收发包含附件的邮件等。而从用户角度来看，多媒体应用将是吸引他们使用的关键。

从技术上来看，MMS 绝对不是像 SMS 那么简单的技术，说的简单一些，MMS 是封装在 WAP 协议之上的高层应用程序（注意：这里仅仅是协议的封装，并没有出现 WAP 浏览器本身），利用这种高层应用程序可以实现包括图像、音频信息、视频信息、数据以及文本等多媒体信息在内的信息传送。业内人士有的把它看作是电子邮件的替代品,有的把它看作是明信片的电子版,当然更多的是看作多媒体化的 SMS。就好像收音机到电视机的发展一样,多媒体短信与原有的普通短信比较,除了基本的文字信息以外,更配有丰富的彩色图片、声音、动画等多媒体的内容。通过 MMS,手机可以收发多媒体短信,包括文本、声音、图像、视频等,MMS 支持手机贺卡、手机图片、手机屏保、手机地图、商业卡片、卡通、交互式视频等多媒体业务。SMS、EMS 与 MMS 对比的对比分析如表 7-2 所示。

表 7-2　SMS、EMS 与 MMS 对比

项目	SMS	EMS	MMS
媒体类型	文本	文本、简单的图片、铃声	文本、静态图象、视频片段、音频片段、动画
消息大小	140 B	34 170 B	典型为 30～100 KB,理论上无限制
承载方式	NO. 7	NO. 7	WAP/IP
调度方式	存储转发	存储转发	存储转发
标准协议	SMPP	SMPP	Wap、HTTP、SMTP 等
寻址方式	MSISDN	MSISDN	E-mail,MSISDN
终端	一般手机	EMS 手机	MMS 手机
消息是否到接受方消息中心	否	否	是
消息是否直接发送到手机	是	是	否,MMSC 先发送消息通知,由用户去提取

　　MMS 能够自动快速传送用户创建的内容。它主要以接收者的电话号码进行寻址定位,这样 MMS 通信可以在终端之间进行。同时 MMS 也支持 E-mail 寻址,因此信息可以在终端和 E-mail 之间传递,MMS 传输内容如图 7-14 所示。

图像：JPEG, GIF87a, GIF89a, WBMP, JPEG2000,

"I'm so sorry…"

音频：AMR, MP3, MIDI, WAV

视频：ITU-T H. 263, MPEG4, Quicktime

图 7-14　MMS 传输内容

MMS 作为一种新兴的移动数据业务，MMS 的发展需要多方面的合作和支持，包括网络运营商、设备制造商、内容提供商等，而各方面所持的积极态度使得 MMS 已经呼之欲出。但是，实施 MMS 并不是一件轻松的事，为了实现新的承载业务，网络基础设施需要更新，MMS 终端也必须流行起来，并且还要有丰富、精彩的内容来推动应用的发展。

多媒体短信业务为移动用户提供了多媒体数据通信服务，在现有 SMS 业务和 EMS 业务基础上提升信息服务的表现能力，以满足用户日益提高的信息沟通需求。多媒体短信业务具有以下基本功能：

（1）多媒体短信的发送和接收。手机终端合成多媒体短信后，可以向网内的所有合法用户发送多媒体短信，由 MMSC 对多媒体短信进行存储和处理，并负责多媒体短信在不同 MMSC 之间的传递等操作。同时接收方用户可以从 MMSC 接收多媒体短信。

（2）提供对非 MMS 终端的支持。这由"非多媒体短信支撑系统"来完成。非 MMS 终端用户接收到 SMS 通知后，可以通过其他手段访问多媒体短信，如 E-mail、WAP、www 浏览等方式。

（3）多媒体短信业务支持点到点的业务和点到多点的业务。点对点多媒体短信业务指发送方和接收方是一个终端或应用系统；点对多点多媒体短信业务指接收方是多个终端地址。在一次多媒体短信发送过程中，可以指定多个接收终端地址。

（4）对 MMS 增值应用的支持。多媒体短信系统除了支持一些现有的应用系统（如 E-mail 系统）以外，还应提供开放的、标准的 API 接口，支持增值应用开发。

MMS 可以包括的几种传输内容：

（1）文本：MMS 传输文本的长度在理论上不受限制的。实际上，手机允许输入多少文本和网络传输速度有关。此外，MMS 与 EMS 一样，也能对文本进行排版。

（2）图片：MMS 支持标准的 JPEG、GIF 格式的图片，也支持 GIF 动画格式。这意味着 MMS 的图片表现力较之 EMS 能得到极大的提高。在文本中加入图片，制作图文并茂的文档对 MMS 来说来并非难事。随时随地拍下有趣的照片并且马上与好友分享将是最新的生活方式。

（3）声音：与 EMS 只支持铃声收发相比，在 MMS 中声音的运用更加广泛。例如录下聚会的声音，连同现场图片一道发给未能参加的朋友；制作漂亮的生日贺卡，配上动听的音效和自己亲口唱的"祝你生日快乐"一起发给朋友等。

（4）视频：通过 MMS 能观看整部的电影，并且，人们可以通过运用于 MMS 的"流媒体"技术一边下载一边观看。

其实，MMS 的长处不仅在于其可包含的内容丰富多样，更在于使用者可以把不同性质的内容组合在一起，例如，为照片配上文字说明，为动画添加音效、为视频片段加上伴奏音乐等。图文、影音并茂是 MMS 最大的特色，也是 MMS 被称为"短信革命"的内涵所在，MMS 的业务实现如图 7-15 所示。

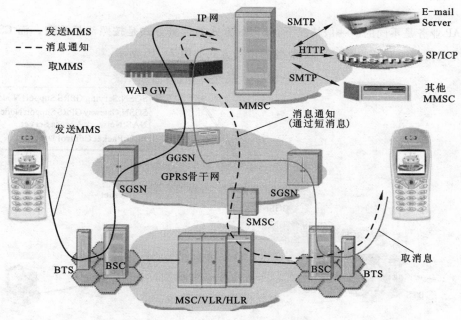

图 7-15　MMS 的业务实现

7.4.3　WAP 业务

所谓 WAP（Wireless ApplicationProtocol）即无线应用协议，是一项全球性的网络通信协议。WAP 使移动 Internet 有了一个通行的标准，其目标是将 Internet 的丰富信息及先进的业务引入到移动电话等无线终端之中。

WAP 定义可通用的平台，把目前 Internet 网上 HTML 语言的信息转换成用 WML（Wireless Markup Language）描述的信息，显示在移动电话的显示屏上。WAP 只要求移动电话和 WAP 代理服务器的支持，而不要求现有的移动通信网络协议做任何的改动，因而可以广泛的运用于 GSM、CDMA、TDMA、3G 等多种网络。

WAP 是在数字移动电话、因特网或其他个人数字助理机（PDA）、计算机应用之间进行通信的开放全球标准。它是由一系列协议组成，用来标准化无线通信设备，可用于 Internet 访问，包括收发电子邮件，访问 WAP 网站上的页面等等。WAP 将移动网络和 Internet 以及公司的局域网紧密地联系起来，提供一种与网络类型、运行商和终端设备都独立的移动增值业务。通过这种技术，无论你在何地、何时只要需要信息，就可以打开 WAP 手机，享受无穷无尽的网上信息或者网上资源。如：综合新闻、天气预报、股市动态、商业报道、当前汇率等。电子商务、网上银行也将逐一实现。还可以随时随地获得体育比赛结果、娱乐圈趣闻以及幽默故事，为生活增添情趣，也可以利用网上预定功能，把生活安排得有条不紊。

承载 WAP 业务的是 CSD 技术或者 GPRS 技术。再明确的说，WAP 是提供内容，而 GPRS或者 CSD 技术提供了传输承载方式。打个比方，WAP 相当于车，而 GPRS 或者 CSD 相当于路，只不过 GPRS 可能是高速公路，而 CSD 可能是羊肠小道。选择 GPRS 方式和选择 CSD 方式使用 WAP 业务是不同的。一般情况下，GPRS 方式的计费方式是按照流量收费，而 CSD 方式的计费方式是按照时长收费。WAP 业务的两种方式如图 7-16 所示。

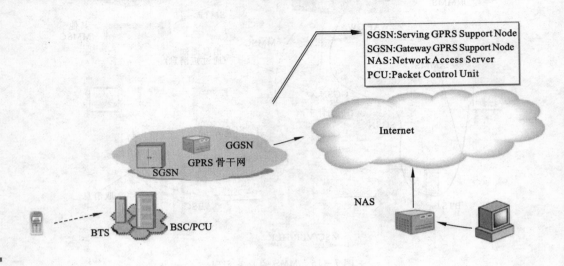

SGSN:Serving GPRS Support Node
SGSN:Gateway GPRS Support Node
NAS:Network Access Server
PCU:Packet Control Unit

图 7-16   WAP 业务的两种方式

7.4.4   GPRS 与 CSD 业务

GPRS 通用无线分组业务是在 GSM/GPRS 网络上提供的一种业务。传统意义的 GSM 网络只能提供 CSD（电路交换）方式的数据业务，理论传输速率为 9.6 kbit/s。通过叠加网络设备将 GSM 网络升级到 GSM/GPRS 网络之后，可以提供分组业务，并且 GPRS 的理论速率为 171.2 kbit/s。对于 GPRS 业务，由于采用分组交换技术，一般情况下，运营商的资费政策基于流量。

CSD（Circuit Switched Data）是 GSM 提供的电路交换数据业务。GSM 网络能提供 9.6 kbit/s的 CSD 业务。CSD 业务与传统意义上的语音电话类似，是一种电路交换业务，通信链路在每次通信开始时建立，通信结束后拆除。可实现的业务是 CSD 方式的上网业务。由于实现方式是电路交换，一般情况下，运营商对 CSD 业务的资费基于通信时长。

1. 手机上网能利用手机终端访问互联网

目前有两种方式接入互联网：采用 CSD 方式和采用 GPRS 方式。CSD 方式是 GSM 网络能提供的业务，GPRS 方式是 GSM/GPRS 网络能提供的业务。

值得注意的是，虽然 GPRS 技术理论的传输速率能达到 171.2 kbit/s，但是实际系统的传输速率还是取决与运营商的策略和手机终端能力。运营商当时的策略是话音业务为主，所以配置的 GPRS 信道容量有限，而且终端能力不强，也无法支持高速数据处理。

2. 手机上网能访问 WAP 网站和访问 WWW 网站

WAP 网站也是一群经过组织规划，让网页彼此相连起来的相关网页的集合，不同的是浏览 WAP 网站的浏览器是支持 WAP 协议，即支持 GPRS 上网的手机上的微型浏览器（mini-

Browser）或其他支持 WAP 协议的浏览器。支持 WAP 网站的协议是 WAP 协议，同样可以由 ASP、PHP 等动态语言配合 wml 语言来编码。支持 GPRS 上网的手机用户只要在浏览器上输入欲访问的 WAP 网站地址，便可以像在 IE 等浏览器上浏览 Web 网站一样方便地浏览 WAP 网站。

3. WAP 与 CSD/GPRS 的关系

WAP 无线应用协议是在数字移动电话、互联网或其他个人数字助理机（PDA）、计算机应用乃至未来的信息家电之间进行通信的全球性开放标准。通过 WAP 技术，可以将 Internet 的大量信息及各种各样的业务引入到移动电话、Palm 等无线终端之中。无论何时、何地只要需要信息，就可以打开 WAP 手机，享受无穷无尽的网上信息或者网上资源。

在带宽考虑方面，WAP 用"轻量级协议栈"优化现在的协议层对话，将无线手机接入 Internet 的带宽需求降到最低，保证了现有无线网络能够符合 WAP 规范。手机通过使用 WAP 协议栈可以为无线网络节省大量的无线带宽，例如，完成一个股票指数的查询操作，通过使用 HTTP1.0 的台式机浏览器来完成要比通过一个 WAP 浏览器来完成所涉及的包通信量要大一倍以上。WAP 协议使用的包数量不到标准的 HTTP/TCP/IP 协议栈使用的一半。

7.4.5 位置服务业务

移动位置服务是利用一定的技术手段通过移动网络获取移动终端用户的位置信息（经纬度坐标），在电子地图平台的支持下，为用户提供相应服务的一种增值业务。它是移动互联网和定位服务的融合业务。移动位置服务还将促进物流、交通、安全、城市规划、农林渔等众多传统产业的精确信息化管理，衍生价值无限，移动位置服务业务市场是一座有待挖掘的"金矿"。相比较 2G 的位置信息服务，3G 的位置信息服务精度更高。而且由于 TD－SCDMA 采用了智能天线技术和 GPS 同步技术，所以为位置信息服务提供了更高的精度。

运营商作为产业链的中坚力量，需要以战略的高度进行全盘规划，逐步消除制约市场发展的主要障碍因素。加强定位服务（Location－Based Service，LBS）平台的建设，逐步完善以应用为导向的 LBS 综合服务平台，为合作伙伴提供可扩展的平台接口，吸纳更多的 SP/CP 加入；提高定位精度，解决漫游问题，推动终端的推广与普及；优化商业模式，积极培育市场，带动整个 LBS 服务产业链条的演进；打造核心应用框架，树立品牌化服务；针对多种商业模式的管理需求和 LBS 业务的敏感性特质，在信用管理、信息安全、个人隐私保护等方面制定完善的流程体系、管理体系、认证体系和管理规范。

位置业务是一种比较特殊的业务，是移动网上的一种特色服务，商业价值很大，种类十分丰富。在 3G 领域，由于定位精度的提高和开放体系结构的采用，其吸引力十分令人注目，被认为可能是 3G 的代表性应用。包括以下业务分类：

（1）公共安全业务：该类业务主要由国家制定的法令驱动。除了紧急呼叫之外，还有：路边援助，车辆在公路上发生故障也可以进行报障定位自动事故报告，车辆运行时发生事故，检测设备侦测到之后可以进行自动报告并提供地点等信息。

（2）基于位置的计费：

第 7 章 3G 移动通信系统业务

① 特定用户计费：用户可以设定一些位置区为优惠区，在这些位置区内打、接电话能够获得优惠。

② 接近位置计费：主被叫双方位于相同或者相近的位置区时双方可获得优惠。

③ 特定区域计费：通话的某一方或者双方位于某个特定位置时可以获得优惠，用以鼓励用户进入该区域，如购物区等。

（3）跟踪业务：可以表示同事及朋友的位置、是否繁忙等，如电话簿。

（4）资产管理业务：可以对用户的资产的位置进行定位，从而实现动态的实时管理。

（5）增强呼叫路由（Enhanced Call Routing，ECR）：允许用户的呼叫根据其位置信息被路由到最近的服务提供点，用户可以通过特定的接入号码来完成相应的任务，如：用户可以输入 427（GAS）表示要求接入到最近的加油站。

（6）基于位置的信息业务（Location Based Information Services）：基于位置的信息业务可以让用户获得其位置信息进行筛选之后的信息，如：城市观光提供旅游点间的方向导航或根据位置指示附近旅游点，查找最近的旅馆、银行、机场、汽车站、休息场所等，定点内容广播可以向特定区域范围内的用户发出信息。其主要应用是广告类业务：比如向某商场附近范围内的用户发出该商场的商品广告用以吸引顾客。同时还可以针对用户进行筛选，比如某港口管理机构可以向港口区域内的工作人员发出调度信息；也可以提供向导信息，如向观光园区内的游客发出各种活动安排等。

（7）移动黄页：移动黄页同 ECR 类似，但它可按照用户的要求提供最近的服务提供点的联系方式。如顾客可以输入词条"餐馆"用来进行搜索，并且可以输入条件如："中餐"、"3公里之内"等进行搜索匹配，输出的结果可以是联系电话或者地址等。

（8）网络增强业务（Network Enhancing Services）：该类业务可以考虑的是合法监听。

7.4.6 移动流媒体业务

移动流媒体技术是网络音视频技术和移动通信技术发展到一定阶段的产物，它是融合很多网络技术之后所产生的技术。随着 3G 技术的逐步成熟，将移动流媒体技术引入移动增值业务，已经成为目前全球范围内移动业务研究的热点。流媒体业务是从 Internet 上发展起来的一种多媒体应用，指使用流（Streaming）方式在网络上传输的多媒体文件，包括音频、视频和动画等。

1. 移动流媒体特点

流媒体传输技术的主要特点是以流的形式进行多媒体数据的传输。把连续的影像和声音信息经过压缩处理后放到网络服务器上，客户端在播放前并不需要下载整个媒体文件，而是在将缓存区中已经收到的信息进行播放的同时，多媒体文件的剩余部分将持续不断地从服务器下载到客户端，即"边下载，边播放"。这样就避免了用户在收看或收听媒体流的时候要花费一段时间把完整的文件下载到客户端，可以给用户带来"实时播放"的业务感知体验。

移动流媒体业务就是流媒体技术在移动网络和终端上的应用，主要是利用目前或 3 G 的移动通信网，为手机终端提供音频、视频的流媒体服务。移动流媒体业务的内容包括新闻资讯、影视、MTV、体育、教育、行业和专项应用等。

2. 移动流媒体业务类型

移动流媒体业务根据数据内容的播放方式可以分为三种业务类型：

1）流媒体点播

内容提供商将预先录制好的多媒体内容编码压缩成相应的格式，存放在内容服务器上并把内容的描述信息以及链接放置在流媒体的门户网站上。最终用户就可以通过访问门户网站，发现感兴趣的内容，有选择地进行播放。

2）流媒体直播

流媒体编码服务器将实时信号编码压缩成相应的格式，并经由流媒体服务器分发到用户的终端播放器。根据实时内容信号源的不同，又可以分为电视直播、远程监控等。

3）下载播放

用户将流媒体内容下载并存储到本地终端中，然后可以选择在任意时间进行播放。对于下载播放，主要的限制指标是终端的处理能力和终端的存储能力。内容提供商可以制作出较高质量的视音频内容（高带宽、高帧速率），但需要考虑内容的下载时间及终端的存储空间。

移动流媒体技术是网络音视频技术和移动通信技术发展到一定阶段的产物，它是融合很多网络技术之后所产生的技术，它会涉及流媒体数据的采集、压缩、存储，无线网络通信以及移动终端等多项技术。

流媒体的技术特点决定了其在移动网络中的广阔应用前景。首先，流媒体技术有效降低了对传输带宽和抖动的要求，使得在无线传输环境实现实时媒体播放业务成为可能。移动终端体积小、低能耗的要求决定了有限的存储空间，而媒体文件不需要在终端中保存，避免了对存储空间的要求。其次，有效的版权保护，能够确保移动流媒体应用的商用模式。

随着3G技术的逐步成熟，将移动流媒体技术引入移动增值业务，流媒体已经成为目前全球范围内移动业务研究的热点之一。目前3GPP、3GPP2等标准化组织早已经开展了移动流媒体的应用研究工作，并已经制定了相应的标准。

3. 移动流媒体的编解码格式

移动流媒体系统所支持的媒体内容编解码格式与业务类型无关，即无论是点播、直播还是下载播放，这些格式都是适用的。依据3GPP的PSS规范，UMTS系统的移动分组流媒体支持的编码类型包含视频、音频、静态图像、位图、向量图、普通文本和定时文本等，其中音频和视频的编解码类型可以有多种组合。根据3GPPR6的PSS规范，视频的媒体编解码类型主要有三种：H.263、MPEG－4和H.264。音频媒体编解码方面包含4种：EnhancedaacPlus、ExtendedAMR－WB、MPEG－4AACLowComplexity（AAC－LC）、MPEG4AACLongTermPrediction（AAC－LTP）。

4. 移动流媒体标准进展

在移动流媒体技术的标准化方面，移动分组流媒体主要在3GPP上进行规范，3GPP2对用于CDMA 2000系统的移动流媒体文件格式有所规定。

3GPPR6版本的PSS规范项目已经基本完成，在技术内容上与R5兼容。在协议、能力交换、网络适配、DRM（Digital Rights Management）等方面有所增强。在编解码方面，3GPP也根据相关组织规范的最新版本进行了更新，与之保持一致，并且在R6引入了视频H.264（AVC）、音频ExtendedAMR-WB和音频Enhanced aacPlus等几种编解码方式，移动应用的演进和用户感受如图7-17所示。

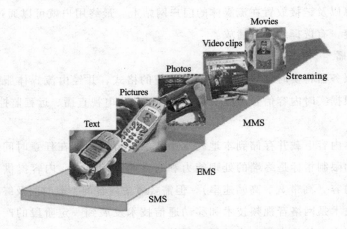

图7-17　移动应用的演进和用户感受

7.4.7　CS域可视电话业务

移动可视电话业务在WCDMA/TD-SCDMA电路交换无线网络上提供实时视频、音频或数据等媒体格式的任意组合，主要是利用WCDMA/TD-SCDMA网络在移动设备上实现可视电话的无线互通，从而让移动用户之间能够随时随地进行实时音、视频等的交互。现阶段可能只限于移动终端之间的互通，将来可能还会扩展到移动终端与PSTN、ISDN等各种网络设备的互通。

在WCDMA/TD-SCDMA系统中，由于目前的可视电话业务是作为电路域的一种承载业务来实现的，因此，在RDI/UDI模式下，速率仅能达到56 kbit/s-/64 kbit/s。较低的传输速率影响了它对音频及视频编解码协议的选择，决定了移动可视电话系统不可能采用大速率的编码方法。

可视电话应包括以下模块：视频输入输出及编解码模块、音频输入输出及编解码模块、用户数据应用功能模块、复用功能模块、系统控制模块等。各模块的作用分别如下：

（1）视频输入输出及编解码模块：将输入的视频流数据根据特定的协议进行编解码。将采集自摄像头等视频输入设备的数据进行编码，压缩成适合在低速条件下传输的码率；同时，将H.223解复用层分解出的视频数据进行解码，然后，传输到相应的视频处理设备，进行显示或其他处理。用于WCDMA/TD-SCDMA电路域可视电话业务的视频编码协议主要有H.263和MPEG-4。

（2）音频输入输出及编解码模块：此模块的主要作用是将输入的音频数据进行编解码。

将来自麦克风等音频采集设备的音频信号进行编码压缩，然后将编码后的流数据传输到 H. 223 的 AL2 层。同时将 H. 223 解复用模块解出的音频数据进行解码，并将解码的数据传输到相应的声音处理设备，如听筒、扬声器等。用于 WCDMA/TD – SCDMA 电路域可视电话业务的音频编码协议主要有 AMR 及 G723. 1。

（3）用户数据应用功能模块：典型的用户数据应用是 T. 120。这个协议支持包括数据和图像传送的多点数据会议，另外，如共享白板和应用等数据应用也可以实现。

（4）复用功能模块：将被编码后的逻辑信道表示的视频码流、音频码流、数据信息及控制信息等复用成单一的输出码流，并将收到的码流分解成各种多媒体码流，用于 WCDMA/ TD – SCDMA电路域可视电话业务的复用协议采用 ITU – T 的 H. 223 协议。

（5）系统控制模块：主要是保证可视电话连接的正常建立、释放及提供可视电话会话过程中的信息控制，如终端间的主从决定、能力交换、逻辑信道的打开与关闭等。WCDMA/TD – SCDMA电路域可视电话业务中采用 ITU – T H. 245 作为控制协议。

7.4.8 即时通信业务

近年来，在互联网即时通信业务快速拓展的同时，移动即时通信业务日渐崛起，成为移动运营商新的业务增长点。在国内，随着中国移动飞信和中国联通超信业务进入公测和试商用阶段，国内移动即时通信市场开始启动。目前，在移动运营商的积极推动下，国内移动即时通信业务将逐步进入快速增长期。即时通信服务，正从 PC 向手机加速延伸：

（1）随着大量智能手机的使用及国内 3G 网络和业务的发展，即时通信从提供文本信息交互的 ICQ，发展到现在功能日趋丰富的各种即时通信服务。除了基本的文字聊天、多方聊天、语音聊天和视频聊天功能外，即时通信已经逐渐集成了电子邮件、博客、音乐、视频、游戏和搜索等多种功能，多功能和综合化已成为即时通信业务的发展趋势。可以说，各种即时通信服务不仅缩短了人与人之间的距离，而且已经发展成为集交流、资讯、娱乐、搜索、电子商务、办公协作和企业客户服务等于一体的综合化信息平台。

（2）随着移动互联网的发展，一些即时通信提供商积极致力于提供通过手机接入互联网即时通信的业务，基于互联网的 PC 即时通信服务正在向手机终端加速延伸，越来越多的手机用户已经习惯于用手机与 PC 用户进行即时信息交流，以实现更加方便、快捷的信息沟通。

（3）运营商纷纷行动起来，加速向移动即时通信市场挺进。对于拥有庞大用户群体的移动运营商来说，他们之所以进军移动即时通信市场，是因为提供移动即时通信业务不仅能够增加用户的黏性，而且能有效带动其他移动增值业务的发展。显然，在 3G 时代，移动即时通信将成为移动营运商的综合业务平台，包括彩信、彩铃、图片、博客、手机电视等应用，都将被整合在该平台上，从而带动各种移动增值业务的全面发展。因此，有人将移动即时通信视为 3G 时代的重要应用之一。

中国移动即时通信业务"飞信"率先进入公测阶段。飞信是由中国移动推出的一款集商务应用和娱乐功能为一体的移动即时通信产品。和所有的聊天软件一样，飞信具备和好友聊天、寻找新朋友聊天等功能；可以实现手机与电脑用户"永不离线"的沟通；可以免费短信无限量发送，并且引入了群发等新功能；支持语音群聊，并且支持多达 8 人的在线会议。另外，飞信可以实现手机与电脑之间 MP3 歌曲、图片和 Office 文件的传输。在中国移动推出飞信之后，中国联通开始在全网测试其综合即时通信业务"超信"。超信用户可以通过手机应用端（BREW、Unija）、PC 应用端、短信应用端、WAP 应用端、IVR 应用端等多种手段随时使用该服务，进行手机到手机和手机到 PC 的包括文字、表情、图片、语音等信息的即时通信。

7.4.9 手机电视业务

随着 3G 时代的来临，手机电视业务将迎来发展的高峰期。手机电视到底能够给我们带来什么，这可能是所有消费者最关心的话题。让我们回顾一下最近五年的手机娱乐发展历史，最早在手机上能显示彩色图像就已经让人感到欣慰，那时一个彩屏手机对用户所带来的冲击不亚于现在的高端专业娱乐手机。后来又出现了能播放视频和音乐的智能娱乐手机和专业的音乐手机，将人们的娱乐方式由固定场所向随时随地享受转变。但是，这种娱乐还是受制于资源的获取方式，也就是说用户必须要将视频或影音资源存入手机里才能欣赏，这对于例如足球比赛、NBA 直播等等实时视频就失去了其特有的韵味，所以，手机电视也就成为一部分对实时资讯娱乐有需求用户的期盼。

手机电视将会给我们的生活方式带来改变。比如，在出差的火车上，为了不错过一场比较关注的足球比赛、篮球比赛，以前只能是通过诸如收音机、上网浏览文字直播来实现，而有了手机电视后这个难题就能迎刃而解。生活中，在公园与家人散步，可以拿出手机电视来一起看一个短剧；堵车的公路上，为了打发无聊的等待时间，可以收看一段小品，让堵车变得不再无聊；在工作的空闲，可以通过手机电视了解国际大事。总体来讲让我们不再受居室欣赏的约束，手机电视改变了人们的生活方式。

手机电视业务有多种实现方式，一种是基于移动运营商的蜂窝无线网络，实现流媒体多点传送；另一种是利用数字音讯广播频谱上的数字多媒体广播（DMB），实现多点传送。其中，DMB 技术又分为地面波 DMB 和卫星 DMB，与移动流媒体技术共同构成了手机电视的三大技术。

中国移动的手机电视业务是基于其 TD - SCDMA 网络，中国联通则是依靠其 WCDMA 网络。这种手机电视业务实际上都是利用流媒体技术，把手机电视作为一种数据业务推出来。但不管是 TD - SCDMA 手机还是 WCDMA 手机，目前国内已经有很多的手机都能支持收看电视的功能，像中国移动有诺基亚、索尼爱立信、联想等 118 款手机，中国联通有 LG、三星、海信等 20 余款手机经过业务测试，均可用于 CCTV 手机电视业务。而由于带宽限制，目前这种手机电视播放收费较高，因此用户较少。

除了基于流媒体技术的手机电视，基于卫星广播的手机电视标准也有多种，包括广电的 CMMB、上海手机电视服务所采用韩系的 DMB 标准，诺基亚、摩托罗拉等巨头支持的 DVB - H，以及美国高通公司力推的 Media - FLO 技术标准等。

手机电视标准在信息技术领域的竞争十分激烈，我国在这一领域的科技研发取得了多项重大突破。拥有全部自主知识产权的 T - MMB（Terrestrial Mobile Multimedia Broadcasting）技术被许多国内外专家认为是当今最先进的手机电视和移动多媒体广播技术。T-MMB 不仅能够全面兼容国际多媒体广播标准 DMB 和国际上两大手机电视标准 DAB-IP 和 T-DMB 标准，而且性能明显优于上述两个标准，如 T-MMB 采用了高频谱利用率技术，在相同带宽条件下可播出的电视频道是 DAB-IP 和 T-DMB 技术标准的两倍。全球 DAB 组织和微软等多家国外公司认为，T-MMB 一旦成为国际标准，手机电视将成为继手机通信之后实现全球漫游的第二大无线传播服务项目。

中国科学院和中国工程院多名院士已联名致信国家有关部门，力荐拥有全部自主知识产权的 T-MMB 成为手机电视国家标准，并希望抓住机遇使这一标准成为全球主流标准。中国移动、中国联通、中国卫通、电信研究院已于 2007 年 1 月上旬，联合向国家标准委员会申报手机电视/移动多媒体国标方案，这一方案的主体是 T-MMB 手机电视技术。

采用 T-MMB 技术，可充分利用现有的频点资源和网络设施，成本比较低，便于迅速实现产业化。T-MMB 发射机、复用器、接收芯片等关键设备已经产品化，并已于 2006 年 8 月通过了广电总局科技司安排的外场大功率测试。国内外多家手机厂商十分看好这一巨大市场，采用 T-MMB 技术的芯片生产的手机样机已近完成。欧洲和南美洲多家无线通信公司对 T-MMB 技术也极感兴趣。

目前 TD-SCDMA 终端电视标准工作组的核心成员已经有大唐移动、展讯、赛龙和广州市在线，并正在与 AVS（Audio Video coding Standard，音视频编码标准）标准工作组联系，准备将 AVS 产业联盟也纳入为 TD-SCDMA 终端电视标准工作组的核心成员。AVS 已经正式成为了音视频编码的国家标准，而 DAB 也被颁布为地面数字音频广播国家广电行业标准，为中国 DMB（Digital Multimedia Broadcasting）的产业化运行奠定了坚实的基础。

TD-SCDMA 产业联盟秘书处下设产业协调部的标准工作组已经组织研究、分析了包括 DVB-H、MediaFLO、MBMS、DMB-TH、OMA BCAST 等在内的一些国际手机电视相关技术标准，正在进行手机电视关键技术的预研，开展相关技术与系统的仿真。

第 7 章 3G 移动通信系统业务

参 考 文 献

[1] 李世鹤,杨运年. TD－SCDMA 第三代移动通信[M]. 北京:人民邮电出版社,2009.

[2] 杨丰瑞,文凯,李校林. TD－SCDMA 移动通信系统工程与应用[M]. 北京:人民邮电出版社,2009.

[3] 谢显中. TD－SCDMA 第三代移动通信系统技术与实现[M]. 北京:水利电力出版社,2004.

[4] 段红光,毕敏,肖理兵. TD－SCDMA 网络规划优化方法与案例[M]. 北京:人民邮电出版社,2008.

[5] 彭木根. TD－SCDMA 移动通信系统[M]. 北京:机械工业出版社,2009.

[6] 张克平. LTE—B3G/4G 移动通信系统[M]. 北京:电子工业出版社,2008.

[7] 张建华,王莹. WCDMA 无线网络技术[M]. 北京:人民邮电出版社,2007.

[8] 易兴俊. 移动通信原理与设备[M]. 西安:电子科技大学出版社,1999.

[9] 中兴通信 NC 教育管理中心. TD－SCDMA 移动通信技术原理与应用:原理/设备/仿真实践[M]. 北京:人民邮电出版社,2010.

[10] 许锐,梅琼,金亮. 3G 无线接入网接口演进与设计[M]. 北京:人民邮电出版社,2008.

[11] 郭宝. TD－SCDMA 无线网络规划与优化[M]. 北京:机械工业出版社,2012.

[12] 刘劲松. 3G 系统组成与业务[M]. 北京:机械工业出版社,2011.

[13] 李香平. 3G 终端硬件技术与开发[M]. 北京:人民邮电出版社,2007.

[14] 梅玉平. 3G 的业务及管理[M]. 北京:人民邮电出版社,2007.

[15] 柴远波,郭云飞. 3G 高速数据无线传输技术[M]. 北京:电子工业出版社,2009.

读者意见反馈表

感谢您选用中国铁道出版社出版的图书！为了使本书更加完善，请您抽出宝贵的时间填写本表。我们将根据您的意见和建议及时进行改进，以便为广大读者提供更优秀的图书。

您的基本资料（郑重保证不会外泄）

姓　　名：_____　　职　　业：_____

电　　话：_____　　电子邮箱：_____

您的意见和建议

1. 您对本书的整体设计满意度：

　　封面创意：□非常好　　□较好　　□一般　　□较差　　□非常差

　　版式设计：□非常好　　□较好　　□一般　　□较差　　□非常差

　　印刷质量：□非常好　　□较好　　□一般　　□较差　　□非常差

　　价格高低：□非常高　　□较高　　□适中　　□较低　　□非常低

2. 您对本书的知识内容满意度：

　　□非常满意　　□比较满意　　□一般　　□不满意　　□很不满意

　　原因：_____

3. 您认为本书的最大特色：

　　_____

4. 您认为本书的不足之处：

　　_____

5. 同类书中，您认为哪本书比本书优秀：

　　书名：_____　　作者：_____

　　出版社：_____

　　该书最大特色：_____

6. 您的其他意见和建议：

　　_____

请发送邮件至 wufei43@126.com 或 280407993@qq.com 索取本表电子版。

教材编写申报表

教师信息（郑重保证不会外泄）

姓名			性别		年龄	
工作单位	学校名称		职务/职称			
	院系/教研室					
联系方式	通信地址 （＊＊路＊＊号）		邮编			
	办公电话		手机			
	E-mail		QQ			

教材编写意向

拟编写 教材名称		拟担任	主编（　）副主编（　） 参编（　）	
适用专业				
主讲课程 及年限		每年选用 教材数量		是否已有 校本教材	
教材简介（包括主要内容、特色、适用范围、大致交稿时间等，最好附目录）				

请发送邮件至 wufei43@126.com 或 280407993@qq.com 索取本表电子版。